Das Ingenieurwissen: Messtechnik

Hans-Rolf Tränkler • Gerhard Fischerauer

Das Ingenieurwissen: Messtechnik

Hans-Rolf Tränkler
Universität der Bundeswehr München
München, Deutschland

Gerhard Fischerauer
Universität Bayreuth
Bayreuth, Deutschland

ISBN 978-3-662-44029-2   ISBN 978-3-662-44030-8 (eBook)
DOI 10.1007/978-3-662-44030-8

Die Deutsche Nationalbibliothek verzeichnet diese Publikation in der Deutschen Nationalbibliografie; detaillierte bibliografische Daten sind im Internet über http://dnb.d-nb.de abrufbar.

Springer Vieweg
Das vorliegende Buch ist Teil des ursprünglich erschienenen Werks „HÜTTE – Das Ingenieurwissen", 34. Auflage.
© Springer-Verlag Berlin Heidelberg 2014

Gedruckt auf säurefreiem und chlorfrei gebleichtem Papier

Springer Vieweg ist eine Marke von Springer DE. Springer DE ist Teil der Fachverlagsgruppe Springer Science+Business Media.
www.springer-vieweg.de

Vorwort

Die HÜTTE Das Ingenieurwissen ist ein Kompendium und Nachschlagewerk für unterschiedliche Aufgabenstellungen und Verwendungen. Sie enthält in einem Band mit 17 Kapiteln alle Grundlagen des Ingenieurwissens:

- Mathematisch-naturwissenschaftliche Grundlagen
- Technologische Grundlagen
- Grundlagen für Produkte und Dienstleistungen
- Ökonomisch-rechtliche Grundlagen

Je nach ihrer Spezialisierung benötigen Ingenieure im Studium und für ihre beruflichen Aufgaben nicht alle Fachgebiete zur gleichen Zeit und in gleicher Tiefe. Beispielsweise werden Studierende der Eingangssemester, Wirtschaftsingenieure oder Mechatroniker in einer jeweils eigenen Auswahl von Kapiteln nachschlagen. Die elektronische Version der Hütte lässt das Herunterladen einzelner Kapitel bereits seit einiger Zeit zu und es wird davon in beträchtlichem Umfang Gebrauch gemacht.

Als Herausgeber begrüßen wir die Initiative des Verlages, nunmehr Einzelkapitel in Buchform anzubieten und so auf den Bedarf einzugehen. Das klassische Angebot der Gesamt-Hütte wird davon nicht betroffen sein und weiterhin bestehen bleiben. Wir wünschen uns, dass die Einzelbände als individuell wählbare Bestandteile des Ingenieurwissens ein eigenständiges, nützliches Angebot werden.

Unser herzlicher Dank gilt allen Kolleginnen und Kollegen für ihre Beiträge und den Mitarbeiterinnen und Mitarbeitern des Springer-Verlages für die sachkundige redaktionelle Betreuung sowie dem Verlag für die vorzügliche Ausstattung der Bände.

Berlin, August 2013
H. Czichos, M. Hennecke

Das vorliegende Buch ist dem Standardwerk *HÜTTE Das Ingenieurwissen 34. Auflage* entnommen. Es will einen erweiterten Leserkreis von Ingenieuren und Naturwissenschaftlern ansprechen, der nur einen Teil des gesamten Werkes für seine tägliche Arbeit braucht. Das Gesamtwerk ist im sog. Wissenskreis dargestellt.

Das Ingenieurwissen
Grundlagen

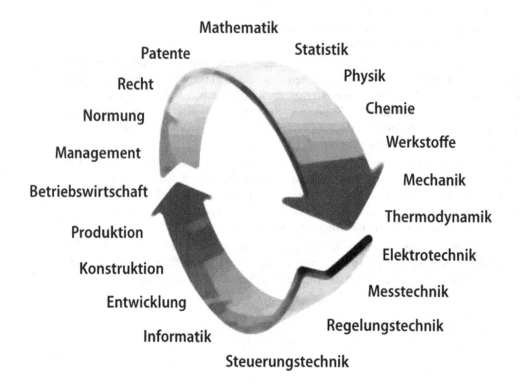

Messtechnik

H.-R. Tränkler, G. Fischerauer

Messtechnik

H.-R. Tränkler
G. Fischerauer

1 Grundlagen der Messtechnik

1.1 Übersicht

1.1.1 Messsysteme und Messketten

Die Messtechnik hat die Aufgabe, eindimensionale Messgrößen und mehrdimensionale Messvektoren technischer Prozesse aufzunehmen, die erhaltenen Messsignale umzuformen und umzusetzen (Messwerterfassung) sowie die erhaltenen Messwerte so zu verarbeiten (Messwertverarbeitung), dass das gewünschte Messergebnis (die Zielgröße) gewonnen wird.

In Messeinrichtungen oder in Messsystemen (Bild 1-1) formen zunächst Aufnehmer (Sensoren) die im Allgemeinen nichtelektrische Messgröße in ein elektrisches Messsignal um.

Dieses wird in der Regel mit geeigneten Messschaltungen, Messverstärkern und analogen Rechengliedern so umgeformt, dass ein normiertes analoges Messsignal gewonnen wird (Messumformer zur Signalanpassung). Es schließt sich ein Analog-Digital-Umsetzer an, der das normierte analoge in ein digitales Messsignal umsetzt. Nach einer Messwertverarbeitung liegen die gesuchten Informationen vor. Sie können analog oder digital ausgegeben werden.

In Messeinrichtungen und Messsystemen spielen lineare Umformungen und Umsetzungen von Messsignalen eine wesentliche Rolle. Wegen nichtidealer Messglieder (besonders unter den Sensoren) sind die Messsignale häufig verfälscht. In solchen Fällen ist eine korrigierende Signalverarbeitung erforderlich; ebenso wie Messsignalverarbeitung bei einer Reihe von Messaufgaben erst zu den interessierenden Zielgrößen führt (Intelligente Sensoren und Messsysteme).

1.1.2 Anwendungsgebiete und Aufgabenstellungen der Messtechnik

Die verschiedenen Anwendungsgebiete der Messtechnik können zum Teil im Rahmen von Automatisierungssystemen gesehen werden. Bei einer Vielzahl von Anwendungen ist jedoch der Mensch der Empfänger der Information.

Die Anwendungsgebiete der Messtechnik lassen sich in drei Gruppen unterteilen, nämlich in

- Mess- und Prüfprozesse in Forschung und Entwicklungslabors, im Prüffeld und bei Anlagenerprobungen
- Industrielle Großprozesse zur Herstellung und Verteilung von Fließ- und Stückgut und von Energie

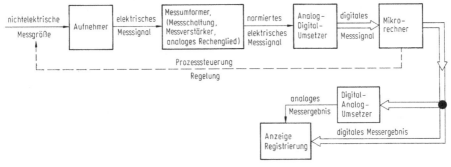

Bild 1-1. Messglieder einer Messkette in einem Messsystem

– Dezentrale Einzelprozesse, z. B. der Gebäudetechnik, Fahrzeugtechnik oder der privaten Haushalte.

Typische Aufgabenstellungen sind:

– Sicherstellung der Genauigkeit (Kalibrierung)
– Verrechnung (Energie, Masse, Stückzahl)
– Prüfung (z. B. Lehrung)
– Qualitätssicherung (z. B. Materialprüfung)
– Steuerung und/oder Regelung
– Optimierung
– Überwachung (z. B. Schadensfrüherkennung)
– Meldung und/oder Abschaltung (Schutzsystem)
– Mustererkennung (Gestalt, Oberfläche, Geräusch, z. B. für Handhabungs- und Montagezwecke).

1.2 Übertragungseigenschaften von Messgliedern

Für die Beurteilung einer aus mehreren Messgliedern aufgebauten Messeinrichtung sind verschiedene Eigenschaften von Bedeutung. Dazu zählen die statischen Übertragungseigenschaften (z. B. die Genauigkeit), die dynamischen Übertragungseigenschaften (z. B. die Einstellzeit), die Zuverlässigkeit (z. B. die Ausfallrate) und nicht zuletzt die Wirtschaftlichkeit und Wartbarkeit einer Messeinrichtung.

1.2.1 Statische Kennlinien von Messgliedern

Der Zusammenhang zwischen der stationären Ausgangsgröße y und der Eingangsgröße x eines Messgliedes bzw. seine graphische Darstellung wird als *statische Kennlinie* bezeichnet (Bild 1-2). Der *Messbereich* geht hier von x_0 bis $x_0 + \Delta x$. Die Differenz zwischen Messbereichsende $x_0 + \Delta x$ und Messbereichsanfang x_0 ist die *Eingangsspanne* Δx. Die zu-

geordneten Ausgangsgrößen y_0 und $y_0 + \Delta y$ begrenzen den Ausgangsbereich mit der Ausgangsspanne Δy. Dem *linearen Anteil* der Kennlinie (gestrichelt) ist i. Allg. ein unerwünschter *nichtlinearer Anteil* $y_N(x)$ überlagert. Die *Kennlinienfunktion* $y(x)$ lässt sich darstellen durch

$$y(x) = \underbrace{y_0 + \frac{\Delta y}{\Delta x}(x - x_0)}_{\text{linearer Anteil}} + y_N(x) \, .$$

Die *Empfindlichkeit* $E(x)$ von nichtlinearen Messgliedern ist nicht konstant. Sie ist identisch mit der Steigung der Kennlinie im betrachteten Arbeitspunkt $(x, y(x))$:

$$E(x) = \frac{dy(x)}{dx} = \frac{\Delta y}{\Delta x} + \frac{dy_N(x)}{dx} \, .$$

Bei linearen Messgliedern, deren Kennlinie durch den Ursprung des Koordinatensystems geht $(x_0 = 0, y_0 = 0)$, berechnen sich Kennlinienfunktion und Empfindlichkeit zu

$$y(x) = \frac{\Delta y}{\Delta x} x \, ,$$

$$E(x) = \frac{dy(x)}{dx} = \frac{\Delta y}{\Delta x} = \text{const} \, .$$

Eine näherungsweise konstante Empfindlichkeit haben z. B. anzeigende Drehspulinstrumente.

1.2.2 Dynamische Übertragungseigenschaften von Messgliedern

Die Ausgangssignale von Messgliedern folgen Änderungen des Eingangssignals i. Allg. nur mit Verzögerungen. Gewöhnlich lassen sich dann zur Beschreibung der dynamischen Übertragungseigenschaften bestimmte Systemstrukturen und bestimmte Kenngrößen angeben. Besonders häufig treten lineare verzögernde Messglieder 1. und 2. Ordnung auf, die durch eine bzw. durch zwei Kenngrößen (Parameter) im Zeit- und/oder Frequenzbereich charakterisiert werden. Zuweilen besteht die Notwendigkeit, auch Messglieder höherer Ordnung durch geeignete Kenngrößen zu beschreiben. Schließlich tritt nichtlineares Verhalten bei Messgliedern auf, wenn Signale Sättigungs- oder Begrenzungserscheinungen aufweisen.

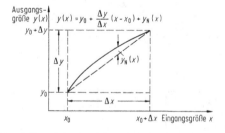

Bild 1-2. Kennlinie eines Messgliedes

Zeitverhalten linearer Übertragungsglieder

Bei einem verzögerungsfreien Messglied folgt das Ausgangssignal direkt dem Eingangssignal $x(t)$ und ist diesem im einfachsten Fall gemäß $k \cdot x(t)$ proportional. Die Ausgangssignale $y(t)$ verzögerungsbehafteter Messglieder können veränderlichen Eingangssignalen $x(t)$ nicht direkt folgen. Es ergibt sich ein dynamischer Fehler

$$F_{\mathrm{dyn}}(t) = y(t) - kx(t)$$

als Differenz des realen Ausgangssignals $y(t)$ und des unverzögerten Sollsignals $kx(t)$, das sich bei gleicher Eingangsgröße im Beharrungszustand ergeben hätte (Bild 1-3, vgl. 1.3.2).

Am Beispiel eines fundamentalen passiven Messgliedes soll gezeigt werden, wie man das Zeitverhalten beschreiben kann und welche Verallgemeinerungen sinnvoll und möglich sind.

In der Messschaltung in Bild 1-4 liegt die Eingangsspannung $u_{\mathrm{e}}(t)$ an der Serienschaltung eines Ohm'schen Widerstandes R und einer Kapazität C, an der die Ausgangsspannung $u_{\mathrm{a}}(t)$ abgegriffen werden kann.

Die Spannung $u_{\mathrm{a}}(t)$ an der Kapazität ist proportional der Ladung $\int_0^t i(\tau)\,\mathrm{d}\tau$, der Strom beträgt also $i(t) = C(\mathrm{d}u_{\mathrm{a}}(t)/\mathrm{d}t)$ und die Spannung am Widerstand R ist

$$u_{\mathrm{R}}(t) = Ri(t) = RC\frac{\mathrm{d}u_{\mathrm{a}}(t)}{\mathrm{d}t}\,.$$

Aus $u_{\mathrm{R}}(t) + u_{\mathrm{a}}(t) = u_{\mathrm{e}}(t)$ erhält man für das Zeitverhalten dieses Übertragungsgliedes

$$RC\frac{\mathrm{d}u_{\mathrm{a}}(t)}{\mathrm{d}t} + u_{\mathrm{a}}(t) = u_{\mathrm{e}}(t)\,.$$

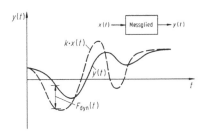

Bild 1-3. Dynamischer Fehler eines verzögerungsbehafteten Messgliedes

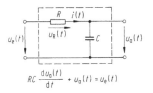

$$RC\frac{\mathrm{d}u_{\mathrm{a}}(t)}{\mathrm{d}t} + u_{\mathrm{a}}(t) = u_{\mathrm{e}}(t)$$

Bild 1-4. Passives Messglied 1. Ordnung (Tiefpassfilter)

Das Zeitverhalten wird also durch eine Differenzialgleichung (Dgl.) der Form

$$\tau\frac{\mathrm{d}y(t)}{\mathrm{d}t} + y(t) = kx(t)$$

beschrieben, in der $x(t)$ die Eingangsgröße, $y(t)$ die Ausgangsgröße und τ eine Zeitkonstante ist. Die Dgl. ist gewöhnlich, linear mit konstanten Koeffizienten und von 1. Ordnung (die höchste vorkommende Ableitung ist die erste; siehe A 24.1ff. Daher handelt es sich hier um ein lineares Übertragungsglied 1. Ordnung. Wird bei einem linearen Messglied das Eingangssignal mit einem Faktor c multipliziert, so nimmt auch das Ausgangssignal den c-fachen Wert an. Unter der Annahme $x_1(t) \rightarrow y_1(t)$ und $x_2(t) \rightarrow y_2(t)$ gilt also:

$$x_2(t) = c \cdot x_1(t) \rightarrow y_2(t) = c \cdot y_1(t)\,.$$

Außerdem gilt bei linearen Messgliedern das Superpositionsgesetz:

$$x(t) = x_1(t) + x_2(t) \rightarrow y(t) = y_1(t) + y_2(t)\,.$$

In ähnlicher Weise liefern differenzierte oder integrierte Eingangssignale bei linearen Messgliedern am Ausgang differenzierte oder integrierte Ausgangssignale:

$$x_2(t) = \frac{\mathrm{d}x_1(t)}{\mathrm{d}t} \rightarrow y_2(t) = \frac{\mathrm{d}y_1(t)}{\mathrm{d}t}\,,$$

$$x_2(t) = \int_0^t x_1(\tau)\mathrm{d}\tau \rightarrow y_2(t) = \int_0^t y_1(\tau)\mathrm{d}\tau\,.$$

Das Zeitverhalten linearer Verzögerungsglieder n-ter Ordnung wird allgemein durch die Dgl.

$$a_n\frac{\mathrm{d}^n y(t)}{\mathrm{d}t^n} + \ldots + a_1\frac{\mathrm{d}y(t)}{\mathrm{d}t} + a_0 y(t) = kx(t)$$

beschrieben, wobei die Konstante k meist so gewählt wird, dass $a_0 = 1$ wird.

1.2.3 Testfunktionen und Übergangsfunktionen für Übertragungsglieder

Um das Zeitverhalten von Übertragungsgliedern überprüfen zu können, legt man an den Eingang bestimmte typische Testfunktionen, die sich vergleichsweise einfach realisieren lassen, und beobachtet das sich ergebende Ausgangssignal (vgl. I 3.2).

Besonders häufig dient als Testfunktion die Einheitssprungfunktion $\varepsilon(t)$, die zur Zeit $t = 0$ vom Wert 0 auf einen konstanten Wert x_0 springt. Zuweilen verwendet man als Testfunktion auch die zeitliche Ableitung oder das zeitliche Integral der Sprungfunktion und es ergeben sich auf diese Weise als Testfunktionen die Impulsfunktion $\delta(t)$ (eine Distribution, siehe A 8.3) und die Rampenfunktion $r(t) = t\varepsilon(t)$ (Bild 1-5).

Wird ein Übertragungsglied 1. Ordnung mit einer Sprungfunktion $x_0\varepsilon(t)$ erregt, so lautet die Dgl.

$$\tau\frac{dy(t)}{dt} + y(t) = y_0 \;(= kx_0) .$$

Die homogene Dgl. $\tau(dy(t)/dt) + y(t) = 0$ ist separierbar, und man erhält die vollständige Lösung

$$y(t) = c_0 + c_1 e^{-t/\tau} .$$

Wegen $y(t) = 0$ für $t = 0$ und $y(t) = y_0$ für $t \to \infty$ ergibt sich als Sprungantwort

$$y(t) = y_0(1 - e^{-t/\tau}) .$$

Durch Normierung auf die Höhe x_0 der Sprungfunktion am Eingang erhält man die *Übergangsfunktion* oder *Sprungantwort*

$$h(t) = \frac{y(t)}{x_0} = k(1 - e^{-t/\tau}) .$$

Die Steigung der Übergangsfunktion im Ursprung beträgt

$$\left(\frac{dh(t)}{dt}\right)_{t=0} = \frac{k}{\tau}|e^{-t/\tau}|_{t=0} = \frac{k}{\tau} .$$

Die Tangente schneidet also die Asymptote zur Zeit $t = \tau$ (Bild 1-6). Ebenfalls dort hat die Übergangsfunktion den Wert $(1 - 1/e)k$, also 63,2% ihres Endwertes erreicht.

Der dynamische Fehler ist

$$F_{dyn}(t) = h(t) - k = -ke^{-t/\tau} .$$

Der relative dynamische Fehler ist

$$\frac{F_{dyn}}{k} = -e^{-t/\tau} .$$

Er ist im logarithmischen Maßstab ebenfalls in Bild 1-6 dargestellt. Man kann dort ablesen, dass der Betrag des relativen dynamischen Fehlers erst nach fast 5 Zeitkonstanten unter 1% gesunken ist. Da sich die Impulsfunktion $\delta(t)$ durch Differenziation der Einheitssprungfunktion $\varepsilon(t)$ ergibt, berechnet sich die *Impulsantwort* oder *Gewichtsfunktion* $g(t)$ durch Differenziation der Übergangsfunktion zu

$$g(t) = \frac{dh(t)}{dt} = \frac{k}{\tau}e^{-t/\tau} .$$

Wird die durch Integration aus der Sprungfunktion $\varepsilon(t)$ erhaltene Rampenfunktion $r(t) = t\varepsilon(t)$ als Testfunktion an ein Übertragungsglied 1. Ordnung gelegt,

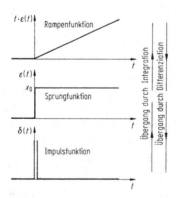

Bild 1-5. Typische Testfunktionen

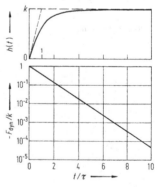

Bild 1-6. Übergangsfunktion $h(t)$ und relativer dynamischer Fehler $-F_{dyn}/k$ eines Messgliedes 1. Ordnung

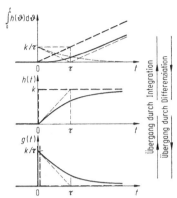

Bild 1-7. Gewichtsfunktion $g(t)$, Übergangsfunktion $h(t)$ und Rampenantwort $\int_0^t h(\vartheta)\mathrm{d}\vartheta$ eines Messgliedes 1. Ordnung

so liefert dieses die *Rampenantwort*

$$\int_0^t h(\vartheta)\mathrm{d}\vartheta = k\tau\left[\left(\frac{t}{\tau} - 1\right) + \mathrm{e}^{-t/\tau}\right].$$

Die Verläufe von Gewichtsfunktion (Impulsantwort), Übergangsfunktion (Sprungantwort) und Rampenantwort sind in Bild 1-7 dargestellt, wobei die jeweiligen Testfunktionen gestrichelt eingetragen sind.

1.2.4 Das Frequenzverhalten des Übertragungsgliedes 1. Ordnung

Als Testfunktionen eignen sich auch Sinusfunktionen veränderlicher Frequenz (bei konstanter Amplitude). Nach dem jeweiligen Einschwingen des Ausgangssignals beobachtet man bei linearen Messgliedern wieder ein sinusförmiges Signal derselben Frequenz wie die Anregungsfunktion, dessen Amplitude und Phase jedoch von der Frequenz abhängig sind.
Das Frequenzverhalten des elektrischen Übertragungsgliedes 1. Ordnung (passives Tiefpassfilter) in Bild 1-4 lässt sich mithilfe der (in der Elektrotechnik üblichen) komplexen Rechnung zu

$$G(\mathrm{j}\omega) = \frac{U_a}{U_e} = \frac{1/(\mathrm{j}\omega C)}{R + 1/(\mathrm{j}\omega C)} = \frac{1}{1 + \mathrm{j}\omega RC}$$

bestimmen (vgl. G 2.1). Hier beträgt die Zeitkonstante $\tau = RC = 1/\omega_g$. Das Amplitudenverhältnis ergibt sich zu (Bild 1-8)

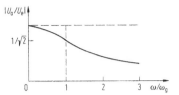

Bild 1-8. Frequenzverhalten des Amplitudenverhältnisses bei einem Messglied 1. Ordnung

$$\left|\frac{U_a}{U_e}\right| = \frac{1}{\sqrt{1 + (\omega/\omega_g)^2}}.$$

Legt man z. B. die Grenzfrequenz auf $f_g = 1/(2\pi\tau) = 1/(2\pi RC) = 1$ Hz fest, so beträgt von 0 bis 0,2 Hz der Amplitudenabfall höchstens etwa 2%, während Störsignale von 50 Hz ebenfalls nur mit etwa 2% durchgelassen werden.

1.2.5 Das Frequenzverhalten des Übertragungsgliedes 2. Ordnung

Übertragungsglieder 2. Ordnung enthalten in ihrer Dgl. die erste und die zweite zeitliche Ableitung der Ausgangsgröße. Typische Beispiele mechanischer Messglieder 2. Ordnung sind translatorische Feder-Masse-Systeme, wie Federwaagen oder Beschleunigungsmesser, oder rotatorische Systeme mit Drehfeder und Trägheitsmoment, wie anzeigende *Drehspulmesswerke*.
Für dynamische Betrachtungen muss die statische Drehmomentengleichung

$$D\alpha = M_{el}$$

für den Skalenverlauf eines linearen Drehspulmesswerks um das Dämpfungsmoment $p\dot{\alpha}$ und das Beschleunigungsmoment $J\ddot{\alpha}$ erweitert werden. Die Dgl. lautet also

$$J\frac{\mathrm{d}^2\alpha(t)}{\mathrm{d}t^2} + p\frac{\mathrm{d}\alpha(t)}{\mathrm{d}t} + D\alpha(t) = M_{el}(t).$$

Sie beschreibt den zeitlichen Verlauf $\alpha(t)$ der Winkelanzeige als Funktion des elektrisch erzeugten Moments $M_{el}(t)$ und des Trägheitsmoments J, der Dämpfungskonstanten p und der Drehfederkonstanten D des rotatorischen Systems.

Das Zeitverhalten eines allgemeinen Übertragungsglieds 2. Ordnung wird durch die folgende Dgl. beschrieben, deren Glieder in Einheiten der Ausgangsgröße $y(t)$ angegeben werden:

$$\frac{1}{\omega_0^2} \cdot \frac{d^2 y(t)}{dt^2} + \frac{2\vartheta}{\omega_0} \cdot \frac{dy(t)}{dt} + y(t) = kx(t) .$$

($x(t)$ Eingangsgröße, ω_0 Kreisfrequenz der ungedämpften Eigenschwingung, ϑ Dämpfungsgrad und k statische Empfindlichkeit.

Durch einen Vergleich der obigen speziellen Dgl. des Drehspulmesswerks mit der allgemeinen Dgl. erhält man:

$$\omega_0 = \sqrt{\frac{D}{J}} \quad \text{bzw.} \quad \vartheta = \frac{p}{2\sqrt{DJ}} .$$

1.2.6 Sprungantwort eines Übertragungsgliedes 2. Ordnung

Nach sprungförmiger Änderung der Eingangsgröße $x(t)$ eines Messgliedes 2. Ordnung auf den Wert $x = x_0$ lautet die Dgl.

$$\frac{1}{\omega_0^2}\ddot{y} + \frac{2\vartheta}{\omega_0}\dot{y} + y = kx_0 \ (= y_0) .$$

Abhängig vom Dämpfungsgrad ϑ ergibt sich für die normierte Sprungantwort y/y_0

bei ungedämpfter Einstellung ($\vartheta = 0$):

$$y/y_0 = 1 - \cos \omega_0 t ,$$

bei periodischer (schwingender) Einstellung ($\vartheta < 1$):

$$y/y_0 = 1 - \frac{\omega_0}{\omega}e^{-\vartheta\omega_0 t}\cos(\omega t - \varphi)$$

$$\text{mit } \omega = \omega_0\sqrt{1-\vartheta^2} \quad \text{und} \quad \tan\varphi = \frac{\vartheta}{\sqrt{1-\vartheta^2}} ,$$

beim aperiodischen Grenzfall ($\vartheta = 1$):

$$y/y_0 = 1 - e^{-\omega_0 t}(1 + \omega_0 t) ,$$

bei aperiodischer (kriechender) Einstellung ($\vartheta > 1$):

$$\frac{y}{y_0} = 1 - \left[\frac{T_1}{T_1 - T_2}e^{-t/T_1} - \frac{T_2}{T_1 - T_2}e^{-t/T_2}\right]$$

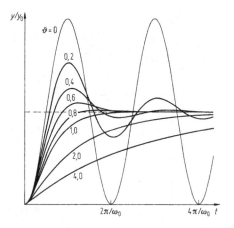

Bild 1-9. Sprungantwort eines Messgliedes 2. Ordnung bei verschiedenen Dämpfungsgraden ϑ

$$\text{mit } T_1 = \frac{1}{\omega_0(\vartheta - \sqrt{\vartheta^2 - 1})}$$

$$\text{und } T_2 = \frac{1}{\omega_0(\vartheta + \sqrt{\vartheta^2 - 1})} .$$

Sprungantworten eines Messgliedes 2. Ordnung sind für verschiedene Dämpfungsgrade ϑ in Bild 1-9 dargestellt.

Kenngrößen bei schwingender Einstellung ($\vartheta < 1$)
Die Kreisfrequenz ω bei gedämpft schwingender Einstellung ($\vartheta < 1$) ist gegenüber der Kreisfrequenz ω_0 bei ungedämpfter Einstellung ($\vartheta = 0$) um den Faktor $\sqrt{1-\vartheta^2}$ verringert. Bei schwingender Einstellung (Bild 1-10) sind die Hüllkurven der Sprungantwort

$$(y/y_0)_{\text{hüll}} = 1 \mp \frac{\omega_0}{\omega}e^{-\vartheta\omega_0 t} .$$

Berührungspunkte mit den Hüllkurven ergeben sich zu den Zeiten t_B gemäß

$$\cos(\omega t_B - \varphi) = 1 , \quad \omega t_B - \varphi = i\pi ,$$

$$t_B = \frac{\varphi}{\omega} + i\frac{\pi}{\omega} \ (i = 0, 1, \ldots) .$$

Der Nullphasenwinkel φ wird dabei wie angegeben über den Dämpfungsgrad ϑ berechnet.

Schnittpunkte mit der Asymptoten $y/y_0 = 1$ ergeben sich zu den Zeiten t_S gemäß

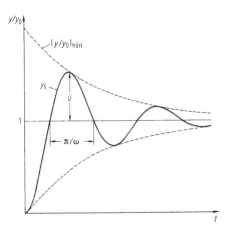

Bild 1-10. Kenngrößen bei schwingender Einstellung (Messglied 2. Ordnung)

$$\cos(\omega t_S - \varphi) = 0 \,, \; \omega t_S - \varphi = \frac{\pi}{2} + i\pi \,,$$

$$t_S = \frac{\varphi}{\omega} + \frac{\pi}{2\omega} + i\frac{\pi}{\omega} \; (i = 0, 1, \ldots) \,.$$

Die Berührungspunkte mit den Hüllkurven und die Schnittpunkte mit der Asymptoten liegen jeweils um $T/4 = \pi/2\omega$ voneinander entfernt. Damit lässt sich die Kreisfrequenz ω einfach bestimmen.
Extrema erhält man durch Nullsetzen der Ableitung der Sprungantwort zu den Zeiten t_E gemäß

$$\frac{\mathrm{d}(y/y_0)}{\mathrm{d}t} = 0 \,, \; t_E = i\frac{\pi}{\omega} \; (i = 0, 1, \ldots) \,.$$

Im Ursprung weist die Sprungantwort also ein Minimum auf. Die Extrema liegen jeweils um $T/2 = \pi/\omega$ voneinander entfernt.
Für die *Bestimmung des Dämpfungsgrades* ϑ aus der Sprungantwort benötigt man die Abweichungen der Funktionswerte y_E an den Extremstellen vom asymptotischen Wert y_0. Die Beträge dieser Abweichungen sind

$$|y_E/y_0 - 1| = \frac{\omega_0}{\omega} e^{-\vartheta \omega_0 t_E} \cos\varphi \,.$$

Das Verhältnis q_1 zweier aufeinander folgender maximaler Abweichungen beträgt

$$q_1(\vartheta) = \frac{e^{-\vartheta \omega_0 \frac{\pi}{\omega}(i+1)}}{e^{-\vartheta \omega_0 \frac{\pi}{\omega}i}} = e^{-\vartheta \omega_0 \frac{\pi}{\omega}} = e^{-\pi\vartheta/\sqrt{1-\vartheta^2}} \,.$$

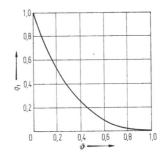

Bild 1-11. Relative Überschwingweite q_1 als Funktion des Dämpfungsgrades ϑ

Die relative Überschwingweite q_1 ist in Bild 1-11 als Funktion des Dämpfungsgrades ϑ aufgetragen und ergibt den Dämpfungsgrad gemäß

$$\vartheta = \frac{-\ln q_1}{\sqrt{\pi^2 + (\ln q_1)^2}} \,.$$

Aperiodischer Grenzfall ($\vartheta = 1$)
Bei kriechender Einstellung ($\vartheta > 1$) findet kein Überschwingen der Sprungantwort statt. Von Interesse ist der aperiodische Grenzfall ($\vartheta = 1$). Die Sprungantwort und die zweite Ableitung lauten

$$y/y_0 = 1 - (1 + \omega_0 t)\, e^{-\omega_0 t} \,,$$

$$\frac{\mathrm{d}^2(y/y_0)}{\mathrm{d}t^2} = \omega_0^2 (1 - \omega_0 t)\, e^{-\omega_0 t} \,.$$

Der Wendepunkt der Sprungantwort wird zur Zeit $t_w = 1/\omega_0$ erreicht. Der normierte Funktionswert am Wendepunkt beträgt

$$y_w/y_0 = 1 - 2/e = 26{,}4\% \,.$$

**1.2.7 Frequenzgang
eines Übertragungsgliedes 2. Ordnung**

Beim Übertragungsglied 2. Ordnung erhält man den Frequenzgang $G(j\omega)$, indem man in die Dgl. sinusförmige Ansätze für die Eingangs- und die Ausgangsgröße einführt. Es ergibt sich mit der normierten Frequenz $\eta = \omega/\omega_0 \; (= f/f_0)$

$$G(j\eta) = \frac{k}{1 + j \cdot 2\vartheta\eta - \eta^2} \,.$$

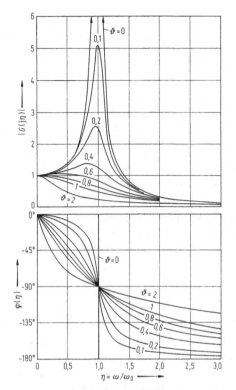

Bild 1-12. Amplitudengang $|G(\mathrm{j}\eta)|$ und Phasengang $\varphi(\eta)$ eines Messgliedes 2. Ordnung als Funktion der normierten Frequenz $\eta = \omega/\omega_0$ (Parameter ist der Dämpfungsgrad ϑ)

Amplitudengang $|G(\mathrm{j}\omega)|$ und Phasengang $\varphi(\omega)$ sind in Bild 1-12 dargestellt.
Der Amplitudengang ist

$$|G(\mathrm{j}\eta)| = \frac{k}{\sqrt{(1 - \eta^2)^2 + (2\vartheta\eta)^2}} \ .$$

Für Dämpfungsgrade ϑ von 0 bis $1/\sqrt{2}$ treten im Amplitudengang bei den Kreisfrequenzen $\omega/\omega_0 = \sqrt{1 - 2\vartheta^2}$ Resonanzüberhöhungen um den Faktor $\frac{1}{2}\vartheta\sqrt{1 - \vartheta^2}$ auf.
Der Phasengang ist

$$\varphi(\eta) = -\arctan\left(\frac{2\vartheta\eta}{1 - \eta^2}\right) \ (-\pi \text{ für } \eta > 1) \ .$$

Unabhängig vom Dämpfungsgrad ϑ ist bei $\eta = 1$ die Phase gleich $-90°$.

Die Kenngrößen ω_0 und ϑ eines Messgliedes können sowohl aus der Sprungantwort oder der Gewichtsfunktion als auch aus dem komplexen Frequenzgang ermittelt werden. Welche Methode im Einzelfall am vorteilhaftesten ist, hängt von den verfügbaren Messeinrichtungen und von möglichen Einschränkungen der Betriebsparameter ab.

1.2.8 Kenngrößen für Messglieder höherer Ordnung

Bei Messgliedern höherer als 2. Ordnung ist die exakte Bestimmung der mindestens 3 dynamischen Kenngrößen oft nur schwer möglich und teilweise auch nicht notwendig. Man behilft sich in diesen Fällen mit Ersatzkenngrößen und unterscheidet, ähnlich wie bei Messgliedern 2. Ordnung, zwischen schwingender und kriechender Einstellung. Bei *schwingender Einstellung* nach Bild 1-13a verwendet man als Kenngröße gerne die *Einstellzeit* T_e, die notwendig ist, bis die Sprungantwort eines Messgliedes innerhalb vorgegebener Toleranzgrenzen bleibt.
Als weitere Kenngröße ist die Größe $y_ü$ des *ersten Überschwingers* üblich. Sie gibt einen Anhaltspunkt über die Größe der Dämpfung des Messgliedes.
Bei *kriechender Einstellung* nach Bild 1-13b verwendet man als Kenngrößen neben der Einstellzeit T_e (wie bei schwingender Einstellung) gerne die *Ersatztotzeit* T_t und die Ersatzzeitkonstante T_s. Die Wende-

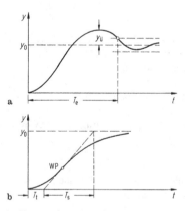

Bild 1-13. Kenngrößen eines Messgliedes höherer Ordnung. **a** Bei schwingender Einstellung, **b** bei kriechender Einstellung

tangente der Sprungantwort trifft die Zeitachse nach Ablauf der Ersatztotzeit T_t. Die Ersatzzeitkonstante T_s ist als die Differenz zwischen den Zeitpunkten definiert, die durch den Schnitt der Wendetangente mit der Zeitachse einerseits und mit der Asymptote andererseits gegeben sind.

1.3 Messfehler

1.3.1 Zufällige und systematische Fehler

Die in technischen Prozessen vorkommenden Messgrößen und die über Messeinrichtungen gewonnenen Messwerte sind i. Allg. fehlerbehaftet und weichen vom Soll- bzw. Nennwert ab. Die beobachteten Fehler setzen sich dabei aus systematischen (deterministischen) und zufälligen (stochastischen) Anteilen zusammen.

Die Ursachen für systematische Fehler können z. B. fehlerhafte Einstellungen oder deterministische Einflusseffekte, aber auch bleibende Veränderungen oder definierte Zeitabhängigkeiten der Messgrößen sein. Die Größe eines systematischen Fehlers ist prinzipiell feststellbar. Systematische Fehler lassen sich deshalb korrigieren.

Im Gegensatz dazu sind die Ursachen der die Einzelmessung beeinflussenden zufälligen Fehler nicht erkennbar. So ist z. B. die örtliche Verteilung der Dichte bei inhomogenen Gemischen nicht reproduzierbar; ebenso wenig wie die zeitliche Folge der Kernzerfälle, die bei bestimmten Strahlungsmessgeräten aufgenommen wird. Es handelt sich also um zufällige Fehler, wenn deren Ursachen bei den gegenwärtigen Kenntnissen und technischen Möglichkeiten nicht gemessen und reproduziert werden können.

Zufällige Fehler lassen sich in ihrer Gesamtheit durch Verteilungsfunktionen und durch statistische Kennwerte erfassen, und zwar umso genauer, je größer die Zahl der zur Verfügung stehenden Einzelwerte ist.

1.3.2 Definition von Fehlern, Fehlerkurven und Fehleranteilen

Der Fehler eines Messgliedes zeigt sich als unerwünschte Abweichung des Istwertes y_{ist} vom Sollwert y_{soll} der Ausgangsgröße bei derselben Eingangsgröße x (Bild 1-14).

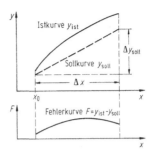

Bild 1-14. Istkurve, Sollkurve und Fehlerkurve eines Messgliedes

Der (absolute) *Fehler F* ist definiert als die Differenz von Istwert y_{ist} und Sollwert y_{soll}. Der *relative Fehler* F_{rel} ist der auf einen Bezugswert B bezogene (absolute) Fehler, wobei für B häufig die Ausgangsspanne Δy oder (bei Messverkörperungen, z. B. Widerständen) der Sollwert y_{soll} eingesetzt wird. Er hat die Dimension eins (ist „dimensionslos"):

$$F = y_{ist} - y_{soll} \, , \quad F_{rel} = \frac{y_{ist} - y_{soll}}{\Delta y} \, .$$

Absolute Fehler werden häufig in Einheiten der Eingangsgröße angegeben. Bei linearen Messgliedern ist dies in einfacher Weise durch Umrechnung mit der Empfindlichkeit E möglich:

$$F_x = (y_{ist} - y_{soll})/E \, .$$

Der in der Fehlerkurve dargestellte Gesamtfehler F lässt sich aufspalten (Bild 1-15) in den

- Nullpunktfehler F_0,
- Steigungsfehler $F_S(x)$,
- Linearitätsfehler $F_L(x)$,
- Hysteresefehler $F_H(x, h)$.

Istkennlinie y_{ist}, Sollkennlinie y_{soll} und Fehler $F = y_{ist} - y_{soll}$ sind gegeben durch

$$y_{ist} = y_{0\,ist} + \frac{\Delta y_{ist}}{\Delta x}(x - x_0) + F_L(x) + F_H(x, h) \, ,$$

$$y_{soll} = y_{0\,soll} + \frac{\Delta y_{soll}}{\Delta x}(x - x_0) \, ,$$

$$F = \underbrace{(y_{0\,ist} - y_{0\,soll})}_{F_0} + \underbrace{(\Delta y_{ist} - \Delta y_{soll})\frac{x - x_0}{\Delta x}}_{F_S(x)}$$

$$+ F_L(x) + F_H(x, h) \, .$$

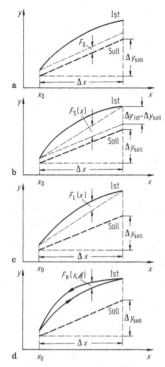

Bild 1-15. Aufspaltung des Gesamtfehlers. **a** Nullpunktfehler, **b** Steigungsfehler, **c** Linearitätsfehler, **d** Hysteresefehler

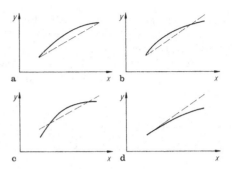

Bild 1-16. Verschiedene Ausgleichsgeraden zur Festlegung des Linearitätsfehlers. **a** Festpunktmethode, **b** Gerade durch Messbereichsanfang, **c** Toleranzbandmethode, **d** wie **b**, jedoch mit Steigung wie im Messbereichsanfang

Alle Fehleranteile sind absolute Fehler (in Einheiten) der Ausgangsgröße.

Häufig gibt man relative Fehler an, die auf den Sollwert Δy_{soll} der Ausgangsspanne bezogen werden. Schwierigkeiten bereiten die Hysteresefehler $F_H(x, h)$, die naturgemäß außer von der Eingangsgröße x auch von der Vorgeschichte h (history) abhängen.

1.3.3 Linearitätsfehler und zulässige Fehlergrenzen

Bei der Zerlegung des Gesamtfehlers in Fehleranteile haben wir den Linearitätsfehler etwas willkürlich nach der *Festpunktmethode* bestimmt. Die Sollkennlinie geht dabei durch die zwei Punkte der Istkennlinie am Anfang und am Ende des Messbereichs (Bild 1-16a).

Andere Möglichkeiten zur Festlegung dieser Ausgleichsgeraden sind:

– Gerade durch den Messbereichsanfang, aber mit einer Steigung, die ein bestimmtes Minimalprinzip erfüllt (Bild 1-16b).
– Gerade, deren Lage so gewählt wird (Toleranzbandmethode), dass ausschließlich ein bestimmtes Minimalprinzip erfüllt wird (Bild 1-16c).
– Gerade durch den Messbereichsanfang mit einer Steigung gleich der der Istkennlinie im Messbereichsanfang (Bild 1-16d). Diese Festlegung ist besonders bei kleinen Aussteuerungen sinnvoll.

Bei der Klassenangabe für elektrische Messgeräte ist über den ganzen Messbereich ein konstanter Fehler zugelassen.

Im Gegensatz dazu ist es bei Messgliedern i. Allg. sinnvoll, die zulässigen Fehler in der Umgebung des Messbereichsanfangs kleiner festzulegen als am Messbereichsende. Linearitätsfehlerfestlegungen mit Sollgeraden durch den Messbereichsanfang der Istkennlinie nehmen darauf Rücksicht, dass der Messbereichsanfang, auch aufgrund von Fertigungsmaßnahmen (Abgleich des Nullpunktes), in der Regel geringere Fehler aufweist als das Messbereichsende (Bild 1-17).

Zum konstanten maximalen Nullpunktfehler $|F_0|_{max}$ addiert sich der zur Eingangsgröße $(x - x_0)$ proportionale maximale Steigungsfehler $|F_S(x)|_{max}$:

$$|F_0|_{max} = |y_{0\,ist} - y_{0\,soll}|_{max} \,,$$

$$|F_S(x)|_{max} = \frac{x - x_0}{\Delta x} |\Delta y_{ist} - \Delta y_{soll}|_{max} \,.$$

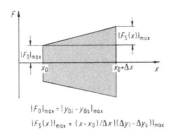

$$|F_0|_{max} = |y_{0i} - y_{0s}|_{max}$$
$$|F_S(x)|_{max} = (x-x_0)/\Delta x \, |(\Delta y_i - \Delta y_s)|_{max}$$

Bild 1-17. Sinnvolle Festlegung zulässiger Fehlergrenzen bei Messgliedern

Die Angabe des zulässigen Fehlers F_{zul} muss durch die (konstante) Empfindlichkeit E dividiert werden, um den Fehler in Einheiten der Eingangsgröße zu erhalten, wie z. B. bei einem Gerät zur Messung der Länge l:

$$F_{zul} = \pm(50 + 0.1 \, l/mm)\mu m \, .$$

Man kann auch den zulässigen Fehler F_{zul} durch die Ausgangsspanne Δy (bzw. die Eingangsspanne Δx) dividieren und erhält so den zulässigen relativen Fehler. Nimmt man beim gleichen Längenmessgerät (z. B. einem Messschieber mit elektronischer Anzeige) eine maximale Messlänge $l_{max} = \Delta x = 500\,mm$ an, so beträgt der zulässige relative Fehler

$$F_{rel.\,zul} = \pm(10^{-4} + 10^{-4}l/\,l_{max}) \, .$$

Der Fehler besteht also wieder aus der Summe eines konstanten Nullpunktfehlers und eines proportionalen Steigungsfehlers.

1.3.4 Einflussgrößen und Einflusseffekt

Bisher wurde immer angenommen, dass die *Einflussgrößen* (auch: *Störgrößen*) als konstant angesehen werden können. In Wirklichkeit können Einflussgrößen nicht unerheblich zu den Messfehlern beitragen. Wichtige Einflussgrößen sind:

– die *Temperatur* (wenn sie nicht gerade selbst die Messgröße ist),
– die *Versorgungsspannung* von aktiven Sensoren, Verstärkern oder Messschaltungen,
– die fertigungsbedingten Abweichungen von wesentlichen Bauteilen und Komponenten,

– ein- und/oder ausgangsseitige Rückwirkungen, z. B. durch die Belastung einer Quelle von endlichem Innenwiderstand.

Zuweilen beeinflussen auch Luftdruck und Luftfeuchte, mechanische Erschütterung, elektrische und magnetische Felder oder die Einbaulage die Messwerte in unerwünschter Weise. Es finden Verknüpfungen mit der Messgröße statt, deren Entflechtung aufwändig sein kann. Am einfachsten lassen sich die Wirkungen von Einflussgrößen in Kennlinienfeldern darstellen (Bild 1-18).

In Sonderfällen kann es vorkommen, dass eine Einflussgröße nur den Nullpunkt (a) oder nur die Steigung (b) der Kennlinie eines Messgliedes beeinflusst. Im Allgemeinen ist jedoch mit gemischter (c), und auch mit Beeinflussung des Linearitätsfehlers (d) zu rechnen.

In den Kennlinienfunktionen y treten neben der Messgröße x als Parameter die Einflussgrößen auf. Bei nur einer Einflussgröße ϑ lässt sich die Kennlinienfunktion in folgende Taylorreihe entwickeln

$$y(x, \vartheta) = y(x_0 \pm \xi, \vartheta_0 + \tau)$$
$$= y(x_0, \vartheta_0) + \left(\frac{\partial y}{\partial x}\right)_{(x_0,\vartheta_0)} \xi$$
$$+ \frac{1}{2}\left(\frac{\partial^2 y}{\partial x^2}\right)_{(x_0,\vartheta_0)} \xi^2 + \dots$$
$$+ \left(\frac{\partial y}{\partial \vartheta}\right)_{(x_0,\vartheta_0)} \tau + \frac{1}{2}\left(\frac{\partial^2 y}{\partial \vartheta^2}\right)_{(x_0,\vartheta_0)} \tau^2$$
$$+ \dots + \frac{1}{2}\left(\frac{\partial^2 y}{\partial x \partial \vartheta}\right)_{(x_0,\vartheta_0)} \xi\tau + \dots$$

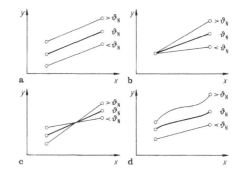

Bild 1-18. Darstellung von Einflussgrößen

Die Einflussgröße tritt i. Allg. nicht unabhängig von der Messgröße auf, was sich in dem gemischtquadratischen Glied der Reihe ausdrückt.

In Analogie zur Empfindlichkeit $(y/x)_{x=x_0}$ eines ungestörten Messgliedes wird der Einflusseffekt (auch: Störempfindlichkeit) als partielle Ableitung der Ausgangsgröße nach der Einflussgröße im Arbeitspunkt definiert:

$$E_\vartheta(x_0, \vartheta_0) = \left(\frac{\partial y}{\partial \vartheta}\right)_{(x_0, \vartheta_0)} .$$

Er gibt an, um welchen Betrag ∂y sich die Ausgangsgröße ändert, wenn bei konstanter Messgröße sich die Einflussgröße ϑ von ϑ_0 auf $\vartheta_0 + \partial\vartheta$ ändert.

1.3.5 Diskrete Verteilungsfunktionen zufälliger Messwerte

Diskrete Messwertverteilungen entstehen im einfachsten Fall dadurch, dass ganzzahlige absolute Häufigkeiten n_k über äquidistanten diskreten Messwerten x_k aufgetragen werden, die der jeweiligen Klassenmitte entsprechen (Bild 1-19). Die Klassenbreite ist dabei gleich der Differenz benachbarter diskreter Messwerte $\Delta x = x_{k+1} - x_k$.

Wenn insgesamt n Messwerte x_i zur Verteilungsfunktion beitragen, so ist die empirische Wahrscheinlichkeit P_k, dass Messwerte in die Klasse k fallen, gleich der relativen Häufigkeit

$$P_k = \frac{n_k}{n}$$

und die Wahrscheinlichkeit P für das Auftreten von Messwerten in mehreren benachbarten Klassen beträgt

$$P = \sum_k P_k = \sum_k \frac{n_k}{n} = \frac{1}{n} \sum_k n_k .$$

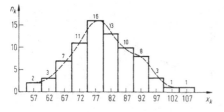

Bild 1-19. Diskrete Messwertverteilung

Werden alle besetzten Klassen einbezogen, so ist natürlich $\sum\limits_k n_k$ und die Wahrscheinlichkeit ist

$$P = 1 .$$

Anstelle der gesamten Verteilungsfunktion verwendet man gerne charakteristische Kennwerte für ihre Lage und Form, welche sich aus den n Messwerten x_i berechnen lassen. Betrachtet man die Verteilungsfunktion in Bild 1-19, so erkennt man zunächst, dass sich die Messwerte in der Umgebung eines etwa in der Mitte liegenden Wertes häufen. Es ist deshalb sinnvoll, den (arithmetischen) Mittelwert $\bar{x}$ als erste Kenngröße festzulegen:

$$\bar{x} = \frac{1}{n} \sum_{i=1}^{n} x_i .$$

Weicht der Mittelwert vom Soll- oder Nennwert der Messgrößen ab, so liegt ein systematischer Fehler vor, der gerade gleich der Differenz zwischen Mittelwert und Soll- bzw. Nennwert ist.

Zur Charakterisierung der zufälligen Fehler ist als zweite Kenngröße der mittlere quadratische Fehler, die sog. *empirische Standardabweichung* s üblich. Deren Quadrat, die *Varianz* oder *Streuung* s^2, ist

$$s^2 = \frac{1}{n-1} \sum_{i=1}^{n} (x_i - \bar{x})^2 .$$

Wie man leicht zeigen kann, gilt auch die numerisch günstigere Beziehung

$$s^2 = \frac{1}{n-1} \left[\sum_{i=1}^{n} x_i^2 - \frac{1}{n} \left(\sum_{i=1}^{n} x_i \right)^2 \right] .$$

Mittelwert und Standardabweichung sagen nicht alles über die Form der Verteilungsfunktion aus. Außerdem ist es für weiterführende Überlegungen oft zweckmäßig, statt von einer diskreten Verteilungsfunktion von einer kontinuierlichen Verteilung der Messwerte auszugehen, die dann aber nur für eine große Anzahl n von Messwerten x gültig ist. Praktisch beobachtete Verteilungen lassen sich häufig näherungsweise durch die Normalverteilung beschreiben, weil dies die Grenzverteilung beim Zusammenwirken vieler voneinander unabhängiger und ähnlich großer Einflusseffekte ist (*Zentraler Grenzwertsatz*).

1.3.6 Die Normalverteilung

Die Normalverteilung (Gauß'sche Verteilung) $f(x)$ ist eine stetige symmetrische Verteilung der streuenden Messwerte x um den Mittelwert μ. Betragsmäßig gleich große positive und negative Abweichungen (zufällige Fehler) besitzen gleiche Häufigkeit. Große Abweichungen sind weniger häufig als kleine. Schließlich liegt an der Stelle des Mittelwerts $x = \mu$ (zufälliger Fehler = 0) das Maximum der Verteilungsfunktion.

Weiterhin gilt wie bei allen stetigen Verteilungsfunktionen, dass die Standardabweichung σ die Beziehung

$$\sigma^2 = \int_{-\infty}^{\infty} (x - \mu)^2 f(x)\, \mathrm{d}x$$

erfüllt und die Gesamtfläche unter der Verteilungsfunktion

$$\int_{-\infty}^{\infty} f(x)\mathrm{d}x = 1$$

ist, da sie die Wahrscheinlichkeit für das Auftreten jedes beliebigen Messwertes im Bereich $-\infty < x < \infty$ darstellt.

Formelmäßig gilt für die Normalverteilung $f(x)$ abhängig von den Messwerten x bzw. den zufälligen Fehlern $x - \mu$

$$f(x) = \frac{1}{\sqrt{2\pi}\sigma} \exp\left[-\frac{(x - \mu)^2}{2\sigma^2} \right].$$

Die Diskussion dieser in Bild 1-20 dargestellten Verteilungsfunktion liefert das Maximum $f_{max} = 1/(\sigma \sqrt{2\pi})$ bei $x = \mu$ und Wendepunkte bei $x = \mu \pm \sigma$.

Allgemein erhält man durch Integration einer Verteilungsfunktion über einem bestimmten Intervall die Wahrscheinlichkeit für das Auftreten von Messwerten in diesem Intervall. Eine Verteilungsfunktion wird deshalb oft auch als Wahrscheinlichkeitsdichte bezeichnet.

1.3.7 Gauß'sche Fehlerwahrscheinlichkeit

Die differenzielle Wahrscheinlichkeit $\mathrm{d}P$ für das Auftreten von Messwerten x (bzw. Fehlern $x - \mu$) im differenziellen Intervall der Breite $\mathrm{d}x$ beträgt

$$\mathrm{d}P = f(x)\mathrm{d}x\,.$$

In einem endlichen Intervall $x_1 \leqq x \leqq x_2$ nach Bild 1-21 ergibt sich also bei Normalverteilung für die Wahrscheinlichkeit

$$P = \int_{x_1}^{x_2} f(x)\mathrm{d}x = \frac{1}{\sigma\sqrt{2\pi}} \int_{x_1}^{x_2} \exp\left[-\frac{(x - \mu)^2}{2\sigma^2} \right] \mathrm{d}x\,.$$

Das auftretende Integral ist elementar nicht lösbar. In verschiedenen Tabellenwerken ist ein entsprechendes normiertes Integral als *Fehlerfunktion (error function)*

$$\mathrm{erf}(x) = \frac{2}{\sqrt{\pi}} \int_0^x \mathrm{e}^{-t^2}\mathrm{d}t$$

tabelliert. Mit der Substitution

$$\frac{x - \mu}{\sigma\sqrt{2}} = t$$

ergibt sich nach Zwischenrechnung

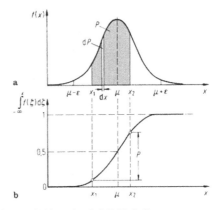

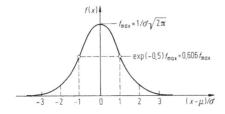

Bild 1-20. Normalverteilung $f(x)$

Bild 1-21. Fehlerwahrscheinlichkeit P

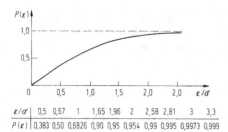

ε/σ	0,5	0,67	1	1,65	1,96	2	2,58	2,81	3	3,3
$P(\varepsilon)$	0,383	0,50	0,6826	0,90	0,95	0,954	0,99	0,995	0,9973	0,999

Bild 1-22. Fehlerwahrscheinlichkeit $P(\varepsilon)$ bei symmetrischem Intervall $-\varepsilon \leqq x - \mu \leqq \varepsilon$

$$P = \frac{1}{2}\left[\text{erf}\frac{x_2 - \mu}{\sigma\sqrt{2}} - \text{erf}\frac{x_1 - \mu}{\sigma\sqrt{2}}\right].$$

Die Wahrscheinlichkeit des Auftretens von Fehlern im symmetrischen Intervall $-\varepsilon \leqq x - \mu \leqq \varepsilon$ ist wegen erf $(x) = -\text{erf}(-x)$

$$P(\varepsilon) = \text{erf}\frac{\varepsilon}{\sigma\sqrt{2}}.$$

Diese Fehlerwahrscheinlichkeit ist in Bild 1-22 grafisch und in einer Wertetabelle dargestellt.

1.3.8 Wahrscheinlichkeitspapier

Abweichungen von der Glockenform der Normalverteilung können im sog. Wahrscheinlichkeitsnetz (Bild 1-23) häufig leichter erkannt werden.

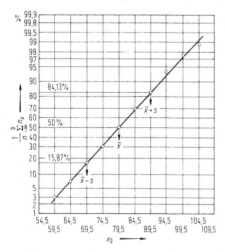

Bild 1-23. Wahrscheinlichkeitsnetz

Dort ist die Summenwahrscheinlichkeit bzw. die relative Summenhäufigkeit

$$\int_{-\infty}^{x_0} f(x)\,\mathrm{d}x \quad \text{bzw.} \quad \frac{1}{n}\sum_{-\infty}^{0} n_k$$

abhängig von der jeweils oberen Messwertgrenze x_0 aufgetragen. Die Ordinatenachse der Summenwahrscheinlichkeit ist derart geteilt, dass sich für die Normalverteilung eine Gerade ergibt. Abweichungen von der Geradenform zeigen also entsprechende Abweichungen von der Normalverteilung.

Der Schnittpunkt der erhaltenen Geraden mit der 50%-Linie liefert den Mittelwert $\bar{x}$. Die Werte $\bar{x} \pm s$ erhält man bei den Summenwahrscheinlichkeiten 84,13% und 15,87% (50% $\pm$ 0,5 · 68,26%).

1.3.9 Fehlerfortpflanzung zufälliger Fehler

Der Fehler dy eines Messergebnisses $y = f(x_1, x_2, \ldots, x_n)$ berechnet sich aus den Fehleranteilen dx_1, d$x_2, \ldots,$ dx_n der Eingangsgrößen $x_1, x_2, \ldots, x_n$ über das totale Differenzial zu

$$\mathrm{d}y = \frac{\partial y}{\partial x_1}\mathrm{d}x_1 + \frac{\partial y}{\partial x_2}\mathrm{d}x_2 + \ldots + \frac{\partial y}{\partial x_n}\mathrm{d}x_n .$$

Zur Berechnung der Standardabweichung eines zufällig schwankenden Messergebnisses sind die auftretenden Fehler zunächst zu quadrieren. Man erhält

$$(\mathrm{d}y)^2 = \sum_{i=1}^{n}\left(\frac{\partial y}{\partial x_i}\mathrm{d}x_i\right)^2 + 2\sum_{i\neq j}\frac{\partial y}{\partial x_i}\cdot\frac{\partial y}{\partial x_j}\,\mathrm{d}x_i\,\mathrm{d}x_j .$$

Die gemischten Glieder ($i \neq j$) heben sich im statistischen Mittel gegenseitig auf, da die Wahrscheinlichkeit positiver zufälliger Fehler gleich der von negativen zufälligen Fehlern ist. Unter der Voraussetzung einer Normalverteilung und für kleine Standardabweichungen $s_i \ll x_i$ ergibt sich die Standardabweichung s_y des Messergebnisses y aus den Standardabweichungen $s_1, s_2, \ldots, s_n$ der Messwerte $x_1, x_2, \ldots, x_n$ zu

$$s_y = \sqrt{\left(\frac{\partial y}{\partial x_1}s_1\right)^2 + \left(\frac{\partial y}{\partial x_2}s_2\right)^2 + \ldots + \left(\frac{\partial y}{\partial x_n}s_n\right)^2} .$$

Für Summen- und Produktfunktionen y ergeben sich die Standardabweichungen s_y zu

$$y = a_1 x_1 + a_2 x_2 - a_3 x_3 :$$
$$s_y = \sqrt{a_1^2 s_1^2 + a_2^2 s_2^2 + a_3 s_3^2} \text{ , bzw.}$$
$$y = \frac{x_1 x_2}{x_3} :$$
$$\frac{s_y}{y} = \sqrt{\left(\frac{s_1}{x_1}\right)^2 + \left(\frac{s_2}{x_2}\right)^2 + \left(\frac{s_3}{x_3}\right)^2} .$$

1.3.10 Fehlerfortpflanzung systematischer Fehler

Die Bedeutung der Gesetze der Fehlerfortpflanzung liegt darin, dass man mit ihnen Aussagen über die Zuverlässigkeit eines von mehreren Eingangsgrößen bestimmten Ergebnisses oder eines Messverfahrens machen kann, wenn nur die Fehler bei der Messung der einzelnen Eingangsgrößen bekannt sind.

Häufig ist das Messergebnis y eine Funktion einer oder mehrerer Eingangsgrößen x_i, von denen jede entweder durch einen einzelnen Messwert oder den Mittelwert einer Anzahl von Messwerten repräsentiert wird (Bild 1-24).

Diese Eingangsgrößen sind mit Fehlern behaftet, deren Auswirkung auf das Messergebnis unterschiedlich ist, je nachdem, ob es sich um systematische oder um zufällige Fehler handelt. Hier werden systematische Fehler behandelt, deren Größe nach Betrag und Vorzeichen bekannt ist.

Bei großen Fehlern $F_{x1}, F_{x2}, \ldots$ der Eingangsgrößen führt die Differenzenrechnung zum Fehler F_y des Messergebnisses y. Bei einem multiplikativen Zusammenhang $y = x_1 \cdot x_2$ ist der relative Fehler des Messergebnisses

$$\frac{F_y}{y} = \frac{F_{x1}}{x_1} + \frac{F_{x2}}{x_2} + \frac{F_{x1}}{x_1} \cdot \frac{F_{x2}}{x_2} .$$

Bei genügend kleinen Fehleranteilen können die endlichen Fehler F_{xi} durch Differenziale $\mathrm{d}x_i$ ersetzt wer-

Bild 1-24. Fortpflanzung systematischer Fehler bei Verknüpfungen und Funktionsbildungen

den. Der Fehler $\mathrm{d}y$ des Messergebnisses y berechnet sich dann aus den Fehleranteilen $\mathrm{d}x_1$, $\mathrm{d}x_2, \ldots, \mathrm{d}x_n$ über das totale Differenzial zu

$$\mathrm{d}y = \left(\frac{\partial y}{\partial x_1}\right)\mathrm{d}x_1 + \left(\frac{\partial y}{\partial x_2}\right)\mathrm{d}x_2 + \ldots + \left(\frac{\partial y}{\partial x_n}\right)\mathrm{d}x_n .$$

Für Summen-, Produkt- und Potenzfunktionen y erhält man die „fortgepflanzten" systematischen Fehler $\mathrm{d}y$

$$y = x_1 + x_2 - x_3 - x_4 :$$
$$\mathrm{d}y = \mathrm{d}x_1 + \mathrm{d}x_2 - \mathrm{d}x_3 - \mathrm{d}x_4 ,$$
$$y = \frac{x_1 x_2}{x_3 x_4} :$$
$$\frac{\mathrm{d}y}{y} = \frac{\mathrm{d}x_1}{x_1} + \frac{\mathrm{d}x_2}{x_2} - \frac{\mathrm{d}x_3}{x_3} - \frac{\mathrm{d}x_4}{x_4} ,$$
$$y = k x^m :$$
$$\frac{\mathrm{d}y}{y} = m \frac{\mathrm{d}x}{x} .$$

Bei der Summenfunktion addieren sich also die absoluten Fehler, bei der Produktfunktion die relativen Fehler und bei der Potenzfunktion wird der relative Fehler mit dem Exponenten m multipliziert.

2 Strukturen der Messtechnik

2.1 Messsignalverarbeitung durch strukturelle Maßnahmen

Für die erreichbaren Übertragungseigenschaften von Messeinrichtungen ist in starkem Maße die Struktur der Vermaschung der einzelnen Messglieder maßgebend. Die Qualität der Messeinrichtungen ist von der durch strukturelle Maßnahmen bedingten Messsignalverarbeitung abhängig. Es lassen sich drei Grundstrukturen, nämlich (1.) die Kettenstruktur, (2.) die Parallelstruktur und (3.) die Kreisstruktur unterscheiden.

2.1.1 Die Kettenstruktur

In der Kettenstruktur werden Messketten von der nichtelektrischen Messgröße als Eingangsgröße eines Aufnehmers bis zum Ausgangssignal eines Ausgabegerätes realisiert. Die Anpassung des

Aufnehmer-Ausgangssignals an das Eingangssignal des sog. Ausgebers erfolgt meist über eine Messschaltung, einen Messverstärker und/oder ein geeignetes Rechengerät. Häufig wird in einer Kettenstruktur auch die nichtlineare Kennlinie eines Messgrößenaufnehmers linearisiert, indem ein Messglied mit inverser Übertragungskennlinie nachgeschaltet wird.

Die Kettenstruktur nach Bild 2-1a ist dadurch gekennzeichnet, dass das Ausgangssignal y_i des vorangehenden Messgliedes jeweils das Eingangssignal x_{i+1} des nachfolgenden Messgliedes bildet.

Die resultierende statische Kennlinie $y_3 = f(x_1)$ ergibt sich i. Allg. am einfachsten grafisch gemäß Bild 2-1b. Für den Spezialfall linearer Kennlinien mit konstanten Empfindlichkeiten E,

$$y_i = c_i + E_i x_i \quad \text{mit} \quad E = \frac{dy_i}{dx_i} ,$$

ergibt sich bei der Kettenstruktur wieder eine lineare Kennlinie mit der Empfindlichkeit

$$E = \prod_{i=1}^{n} E \quad (n \text{ Anzahl der Messglieder}) .$$

Beispiel: Im Zusammenhang mit der Durchflussmessung nach dem Wirkdruckverfahren (3.4.1) ist der Differenzdruck Δp über einer Drosselstelle näherungsweise dem Quadrat des Volumendurchflusses Q proportional ($\Delta p \sim Q^2$). Eine Linearisierung ist mit einem nachgeschalteten radizierenden Differenzdruck-Messumformer möglich, dessen Ausgangsstrom I der Wurzel aus dem Differenzdruck proportional ist ($I \sim \sqrt{\Delta p}$). In Bild 2-1c sind die nichtlinearen Einzelkennlinien und die resultierende lineare Gesamtkennlinie grafisch dargestellt.

2.1.2 Die Parallelstruktur (Differenzprinzip)

Besondere Bedeutung hat die Parallelstruktur in Gestalt des *Differenzprinzips* erlangt. Ähnlich wie bei Gegentaktschaltungen für Verstärkerendstufen, können z. B. zwei sonst gleichartige nichtlineare Wegsensoren um einen bestimmten Arbeitspunkt x_0 herum, von der Messgröße x (dem Messweg) gegensinnig ausgesteuert werden, während Einflussgrößen, wie z. B. die Temperatur ϑ, gleichsinnig wirken (Bild 2-2a). Durch Subtraktion der Ausgangssignale y_1 und y_2 kann die Übertragungskennlinie linearisiert und der Einfluss gleichsinnig wirkender Störungen reduziert werden.

Lässt sich die Abhängigkeit der Ausgangsgrößen y beider Messglieder von der allgemeinen Eingangsgröße ξ und der Temperatur ϑ durch

$$y = a_0 + a_1 \xi + a_2 \xi^2 + f(\vartheta)$$

beschreiben und werden die beiden Messglieder mit $\xi_1 = x_0 - x$ bzw. $\xi_2 = x_0 + x$ ausgesteuert, so sind ihre Ausgangssignale

$$y_1 = a_0 + a_1(x_0 - x) + a_2(x_0 - x)^2 + f(\vartheta) ,$$
$$y_2 = a_0 + a_1(x_0 + x) + a_2(x_0 + x)^2 + f(\vartheta) .$$

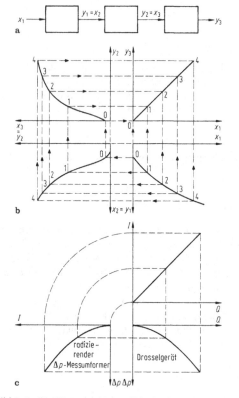

Bild 2-1. Die Kettenstruktur. **a** Prinzip, **b** grafische Konstruktion der resultierenden statischen Kennlinie, **c** Linearisierung durch Radizierung bei der Durchflussmessung nach dem Wirkdruckverfahren

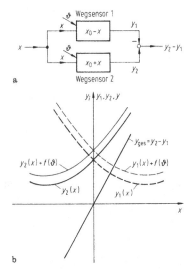

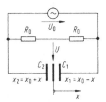

Bild 2-3. Anwendung des Differenzprinzips: Linearer Wegaufnehmer mit Differenzialkondensator

Bild 2-2. Die Parallelstruktur (Differenzprinzip). a Differenzprinzip, b Linearisierung durch Anwendung des Differenzprinzips

Das Differenzsignal ist dann

$$y_{ges} = y_2 - y_1 = 2(a_1 + 2a_2 x_0)x \; .$$

Das Differenzsignal y_{ges} ist unter den getroffenen Annahmen streng linear von der Messgröße x abhängig und völlig unabhängig von der Temperatur ϑ (Bild 2-2b).
Die Empfindlichkeit E_{ges} ist konstant und doppelt so groß wie der Betrag der Empfindlichkeiten E der einzelnen Messglieder im Arbeitspunkt $\xi = x_0 (x = 0)$:

$$E_{1,2} = \left(\frac{\partial y_{1,2}}{\partial x} \right)_{x=0} = \mp(a_1 + 2a_2 x_0) \; ,$$

$$E_{ges} = \left(\frac{\partial y_{ges}}{\partial x} \right)_{x=0} = 2(a_1 + 2a_2 x_0) \; .$$

Allgemein ergibt sich im Arbeitspunkt ein Wendepunkt, also eine Linearisierung der Gesamtkennlinie, und eine Reduktion des Einflusses gleichsinnig wirkender Störungen.

Anwendungen des Differenzprinzips

Das Differenzprinzip kann in Messschaltungen immer dann angewendet werden, wenn an einen zweiten Messgrößenaufnehmer die Messgröße gegensinnig angelegt werden kann, wie z. B. bei Kraft-, Dehnungs- oder Wegsensoren. Zwei gegensinnig ausgesteuerte *Dehnungsmessstreifen* können in einer *Brückenschaltung* sowohl den Messeffekt verdoppeln als auch den gleichsinnigen Temperatureinfluss stark reduzieren.
Der Linearisierungseffekt spielt in diesem Fall nur eine untergeordnete Rolle, da die Dehnungen und die daraus resultierenden relativen Widerstandsänderungen nur klein sind und gewöhnlich unter 1% liegen.
Beispiel: Exakte Linearisierung wird bei einem Differenzialkondensator-Wegaufnehmer (siehe 3.2.3) erreicht, wenn nach Bild 2-3 die Plattenabstände x_1 und x_2 der beiden Kondensatoren C_1 und C_2 durch den Messweg x gemäß $x_1 = x_0 - x$ und $x_2 = x_0 + x$ gegensinnig beeinflusst werden. Die normierte Ausgangsspannung U/U_0 der wechselspannungsgespeisten Brückenschaltung beträgt mit $C_i = \varepsilon A / x_i$ (A Plattenfläche, Permittivität $\varepsilon = \varepsilon_0 \varepsilon_r, i = 1, 2$).

$$\frac{U}{U_0} = \frac{1/j\omega C_2}{(1/j\omega C_1) + (1/j\omega C_2)} - \frac{1}{2} = \frac{1}{2} \cdot \frac{x}{x_0} \; .$$

Die Ausgangsspannung U ist also dem Messweg x direkt proportional.

2.1.3 Die Kreisstruktur

Die Kreisstruktur in Gestalt des Kompensationsprinzips (Gegenkopplung) ergibt sich nach Bild 2-4a. Der zu messenden Eingangsgröße x wird die Ausgangsgröße x_K eines in der Rückführung liegenden Messgliedes entgegengeschaltet und so lange verändert, bis sie näherungsweise gleich der Eingangsgröße ist.
Im Falle konstanter Übertragungsfaktoren v und G der Messglieder im Vorwärtszweig bzw. in der Rückfüh-

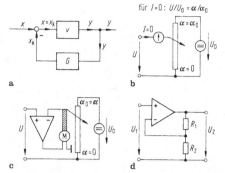

a   b

c   d

Bild 2-4. Die Kreisstruktur. **a** Prinzip, **b** Spannungskompensation von Hand, **c** motorische Kompensation einer Spannung, **d** gegengekoppelter reiner Spannungsverstärker

rung berechnet sich der Übertragungsfaktor y/x bei Gegenkopplung aus

$$y = v(x - x_K) = v(x - Gy) \quad zu$$

$$\frac{y}{x} = \frac{v}{1 + Gv} = \frac{1}{\dfrac{1}{v} + G}$$

Bei sehr großen Übertragungsfaktoren $v \gg 1/G$ des Messgliedes im Vorwärtszweig vereinfacht sich der Übertragungsbeiwert bei Gegenkopplung zu $y/x = 1/G$.
Als Beispiele können die verschiedenen Methoden der Spannungsmessung und Spannungsverstärkung in Bild 2-4b bis d dienen. Im Fall (b) führt die Kompensation von Hand, im Fall (c) die motorische Kompensation („Servo") zu einem der Messspannung U proportionalen Winkel α. Im Fall (d) des reinen Spannungsverstärkers vergrößert sich die Ausgangsspannung U_2 so lange, bis die rückgeführte Spannung $[R_2/(R_1 + R_2)]U_2$ gleich der Eingangsspannung U_1 ist. Damit ist U_2 auch proportional zu U_1.

2.2 Das Modulationsprinzip

Die nullpunktsichere Verstärkung oder Umformung kleiner Messsignale ist häufig in unerwünschter Weise durch vorhandene – teils extrem niederfrequente – Störsignale begrenzt. In erster Linie handelt es sich dabei um Temperaturdrift oder um Langzeitdrift wegen Alterung.
Mithilfe des Modulationsprinzips nach Bild 2-5 kann Nullpunktsicherheit gewährleistet werden

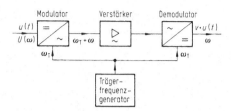

Bild 2-5. Das Prinzip der Modulation

(vgl. G 22.3). Die Amplitude einer oft sinus- oder rechteckförmigen Trägerschwingung wird mit dem zu verstärkenden Messsignal moduliert, dann mit einem a priori nullpunktsicheren Wechselspannungsverstärker verstärkt und anschließend wieder vorzeichenrichtig demoduliert.
Die Frequenz ω_T der Trägerschwingung wählt man so, dass sie in einen vergleichsweise ungestörten Frequenzbereich zu liegen kommt. Die Frequenz muss daher einerseits größer sein als die Frequenz der höchsten Oberwellen der Netzfrequenz, die Störungen verursachen können. Andererseits soll die Frequenz niedriger als die Frequenz störender Rundfunksender liegen. Aus diesen Überlegungen heraus bietet sich als Frequenz für die Trägerschwingung etwa der Bereich zwischen 500 Hz und 50 kHz an.

Modulatoren zur Messung nichtelektrischer Größen

Bei trägerfrequenzgespeisten Messbrücken (Bild 2-6a) erfolgt eine nullpunktsichere Umformung von Widerstands-, Kapazitäts- oder Induktivitätsänderungen in amplitudenmodulierte Wechselspannungen.
Bei einer mit vier Widerstandsaufnehmern ausgestatteten (sogenannten Voll-)Brücke, die mit der Trägerfrequenz-Spannung $U_0 \cos \omega_T t$ gespeist wird, ist die normierte Ausgangsspannung

$$\frac{U}{U_0} = \left(\frac{R_0 + \Delta R}{2R_0} - \frac{R_0 - \Delta R}{2R_0} \right) \cos \omega_T t$$

$$= \frac{\Delta R}{R_0} \cos \omega_T t \ .$$

Diese Brückenausgangsspannung kann mit einem nullpunktsicheren Wechselspannungsverstärker verstärkt und anschließend phasenabhängig gleichgerichtet werden. Dieser Synchrongleichrichter wird

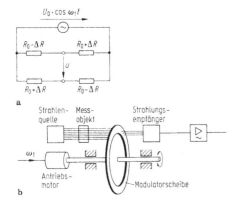

Bild 2-6. Modulatoren zur Messung nichtelektrischer Größen. **a** Trägerfrequenz-Messbrücke, **b** Rotierende Modulatorscheibe im Wechsellicht-Fotometer

von derselben Trägerfrequenz gesteuert, die die Messbrücke speist.

Für die Messung optischer und daraus abgeleiteter Größen kann mit einer *rotierenden Modulatorscheibe* ein Lichtstrom periodisch moduliert werden (Bild 2-6b). Dieses Verfahren ist dann von Vorteil, wenn die Intensität eines Lichtstroms nullpunktsicher ausgewertet werden soll. Beispiele sind das Wechsellichtfotometer, mit dem die Transparenz einer Probe bestimmt werden kann, und Gasanalysegeräte, bei denen aus der Infrarotabsorption auf die Gaskonzentration geschlossen werden kann.

Die Drehzahl des Antriebsmotors der Modulatorscheibe bestimmt die Trägerfrequenz. Die Modulatorscheibe moduliert die von der Strahlenquelle zum Strahlungsempfänger gelangende Intensität. Die Modulation kann rechteckförmig oder sinusähnlich sein. Das vom Strahlungsempfänger abgegebene Signal wird mit einem Wechselspannungsverstärker verstärkt und dann gleichgerichtet.

2.3 Struktur eines digitalen Instrumentierungssystems

Die Struktur digitaler Instrumentierungssysteme ist durch dezentrale, „intelligente" Komponenten gekennzeichnet, die über ein digitales Sammelleitungssystem (Bussystem) miteinander kommunizieren. Jede individuelle Peripheriekomponente enthält dabei einen Mikrorechner, mit dem spezifische

Signalverarbeitungsmaßnahmen vollzogen werden können (Mikroperipherik-Komponenten). Dadurch sind spezifische Anforderungen des Prozesses, des Bedienungspersonals, des Sammelleitungssystems und der Mikroperipherik-Komponenten erfüllbar.

2.3.1 Erhöhung des nutzbaren Informationsgehalts

Der nutzbare Informationsgehalt H jedes Sensors ist begrenzt und lässt sich i. Allg. durch Messsignalverarbeitung erhöhen. Nur von theoretischer Bedeutung ist der unendlich hohe Informationsgehalt eines analogen Sensors, dessen Kennlinie unabhängig von Einflussgrößen und ideal reproduzierbar ist.

In Wirklichkeit ist jedem Sensor-Ausgangssignal aufgrund der Messunsicherheit ein *bestimmter* Eingangsbereich zugeordnet. Die Zahl der unterscheidbaren Eingangssignale ist also begrenzt und lässt sich bei gegebenem Streubereich auch bei einer nichtlinearen Kennlinie grafisch bestimmen (Bild 2-7).

Bei einer linearen Sollkennlinie und einem zulässigen relativen Fehler F_{rel} berechnet sich die Zahl z der unterscheidbaren Eingangssignale zu

$$z = \frac{1}{2F_{rel}} \; .$$

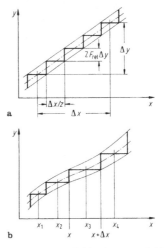

Bild 2-7. Bestimmung der Zahl z der unterscheidbaren Zustände

Der Nutz-Informationsgehalt H_{nutz} beträgt allgemein

$$H_{nutz} = ld\ z$$

und wird in der Pseudoeinheit Shannon (Sh) angegeben (frühere Einheit: bit).
Bei linearer Sollkennlinie ist daher der Nutz-Informationsgehalt

$$H_{nutz} = ld(1/F_{rel}) - ld\ 2 = -ld\ F_{rel} + 1 .$$

Typischerweise liegt der Nutz-Informationsgehalt eines industriellen Drucksensors ohne Korrektur des Temperatureinflusses zwischen 4 und 6 Sh. Mit rechnerischer Korrektur des Temperatureinflusses lassen sich möglicherweise Werte zwischen 8 und 12 Sh erreichen.

2.3.2 Struktur von Mikroelektroniksystemen mit dezentraler Intelligenz

Die grundsätzliche Struktur von Mikroelektroniksystemen und Mikroperipherikkomponenten (speziell der Sensoren) ist gekennzeichnet durch die Anwendung der Mikroelektronik zur Prozessführung und durch die notwendigen Mikroperipherikkomponenten zur Verbindung von Prozess, Mikroelektronik und Mensch (Bild 2-8).
In einer fortgeschrittenen Version sind die dezentralen Mikroperipherikkomponenten (speziell die Sensoren) „intelligent", beinhalten einen Mikrorechner und sind mit einem Datenbus verbunden (Bild 2-9).

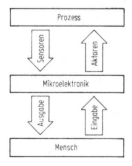

Bild 2-8. Komponenten der Mikroperipherik

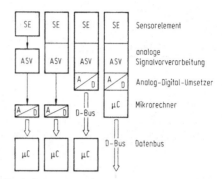

Bild 2-9. Sensorgenerationen

Ausgehend von diesen Vorstellungen und dem Wunsche nach möglichst vollständiger Integration von Komponente (speziell Sensor) und Signalverarbeitung ergibt sich die Struktur eines Mikroelektronik-Systems nach Bild 2-10.
Mit der sog. *anthropospezifischen Messsignalverarbeitung* in der Ausgabekomponente ist eine Anpassung an die Eigenschaften des Menschen, speziell an die zulässige Informationsrate, möglich.
Im einfachsten Fall wird außer einem besonders interessierenden Messwert dessen Änderungs-

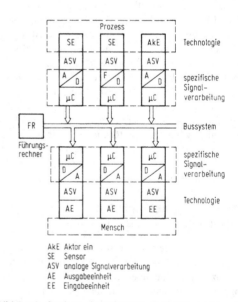

Bild 2-10. Struktur eines futuristischen Mikroelektronik-Systems

geschwindigkeit oder Streuung angegeben. Die Änderungsgeschwindigkeit kann dabei in Form des Wertes angegeben werden, der erreicht wird, wenn die momentane Änderungsgeschwindigkeit für einen konstanten Zeitraum, z. B. von 10 s, beibehalten wird. Die Angabe der Streuung eines Messwertes, z. B. durch die Breite einer Messmarke, verhindert fälschliche Interpretationen, die nur bei entsprechend höherer Messgenauigkeit Gültigkeit besäßen.

Besondere Bedeutung hat die *flexible Anpassung* einer Mikroperiherikkomponente an den Peripheriebus, was gegenwärtig in der Industrie noch wenig beachtet wird. Dabei ist es die Aufgabe der „komponentenspezifischen Intelligenz", nur die tatsächlich benötigte Übertragungsrate anzufordern und zu benutzen und bei Überlastung des Busses ein Notprogramm zu fahren, das den wichtigsten Systemaufgaben noch gerecht wird.

3 Messgrößenaufnehmer (Sensoren)

3.1 Sensoren und deren Umfeld

3.1.1 Aufgabe der Sensoren

Beim Entwurf und beim Betrieb von Mess- und Automatisierungssystemen kommt den Sensoren besondere Bedeutung zu. Ihre Aufgabe ist es, die Verbindung zum technischen Prozess herzustellen und die nichtelektrischen Messgrößen in elektrische Signale umzuformen.

Bei dieser Umformung bedienen sie sich eines physikalischen oder chemischen Messeffektes, der von unerwünschten Stör- oder Einflusseffekten überlagert ist. Jedes Sensorsystem enthält eine im Allgemeinen individuelle Auswerteschaltung, mit deren Hilfe das Signal in ein Amplituden- oder Frequenzsignal umgeformt wird, eine Verstärkerschaltung, eine Umsetzungsschaltung ins digitale Signalformat und an geeigneter Stelle Maßnahmen zu analogen oder digitalen Signalverarbeitung.

Die Realisierung des Messeffektes in einem Sensor bedarf konstruktiver und fertigungstechnischer Maßnahmen. Ein Sensor muss kalibriert und gegebenenfalls nachkalibriert werden. Schließlich muss auch die für den Betrieb des Sensors erforderliche Infrastruktur, wie z. B. Hilfsenergie oder Steuerungssignale, verfügbar sein.

Je nach Anwendungsbereich lassen sich verschiedene Sensorklassen unterscheiden. Typisch sind dabei Sensoren für die industrielle Technik, z. B. Verfahrenstechnik oder Fertigungstechnik, aber auch Sensoren für Präzisionsanwendungen oder für Anwendungen in Massengütern, also in dezentralen Einzelprozessen.

Abhängig vom Anwendungsbereich werden unterschiedliche Anforderungen an die Sensoren gestellt. Eine wesentliche Rolle spielen die erreichbare Genauigkeit, die Einflusseffekte, die dynamischen Eigenschaften, die Signalform bei der Signalübertragung, die Zuverlässigkeit und natürlich auch die Kosten.

3.1.2 Messeffekt und Einflusseffekt

Von grundsätzlicher Bedeutung beim Entwurf eines Sensors sind der verwendete Messeffekt und die zu erwartenden störenden Einflusseffekte. Nicht für jede Messaufgabe stehen einfach aufgebaute, selektive Sensoren zur Verfügung. Die Art und die Zahl der verfügbaren physikalischen und chemischen Messeffekte sind begrenzt. In manchen Fällen liegt ein leicht realisierbarer Effekt zu Grunde wie z. B. der thermoelektrische Effekt, bei dem eine Temperaturdifferenz in eine eindeutig davon abhängige Spannung umgeformt wird.

Vom Prinzip her schwieriger gestaltet sich schon die Messung mechanischer Größen, wie z. B. die Druckmessung. Neben dem eigentlichen Messeffekt tritt dabei immer die Temperatur als Einflussgröße auf. Die Kunst des Sensorentwicklers ist es dabei, die Auswirkung des Einflusseffekts möglichst zu eliminieren.

3.1.3 Anforderungen an Sensoren

Zu den wichtigsten Anforderungen, die an Sensoren gestellt werden, zählen statische Übertragungseigenschaften, Einflusseffekte und Umgebungsbedingungen, dynamische Übertragungseigenschaften, Zuverlässigkeit und Wirtschaftlichkeit.

Als statische Übertragungseigenschaften interessieren zunächst die *Empfindlichkeit* des Sensors und die zulässigen *Fehlergrenzen*. Eine zu geringe Empfindlichkeit kann wegen der notwendigen Nachverstärkung zusätzliche Fehler verursachen. Ein niedriger resultierender Gesamtfehler des Sensors ist von Bedeutung, wenn z. B. genaue Temperatur- oder Lageregelungen erforderlich sind.

Weiterhin sollen Sensoren möglichst geringe *Einflusseffekte* aufweisen. Eine Einflussgröße, z. B. eine Temperatur, kann dabei dann entweder durch geeignete Maßnahmen konstant gehalten werden, oder aber der Einfluss wird in der Auswerteschaltung korrigiert. Daneben können sich mechanische Erschütterungen und Schwingungen als Störgrößen auswirken, ebenso wie elektromagnetische Einflüsse unterschiedlich vertragen werden (Elektromagnetische Verträglichkeit, EMV).

Neben diesen Einflusseffekten existieren gewöhnlich Grenzwerte für die Umgebungsbedingungen, die nicht überschritten werden dürfen, wenn ein zuverlässiger Betrieb angestrebt wird. Die zulässigen mechanischen und thermischen Beanspruchungen sind z. B. gewöhnlich durch bestimmte maximale Beschleunigungswerte bzw. auf bestimmte Temperaturbereiche begrenzt.

3.1.4 Signalform der Sensorsignale

Die Entscheidung darüber, welche Signalform der Sensorsignale möglich und vorteilhaft ist, hängt u. a. von den erforderlichen Eigenschaften bei der Signalübertragung und von der Art der erforderlichen Messwertverarbeitung ab. Im Wesentlichen lassen sich dabei die amplitudenanaloge, die frequenzanaloge und die (direkt) digitale Signalform unterscheiden. Für amplitudenanaloge Signale gilt:

- Die erreichbare statische Genauigkeit ist beschränkt.
- Die dynamischen Übertragungseigenschaften sind im Allgemeinen sehr gut.
- Die Störsicherheit ist gering.
- Die möglichen Rechenoperationen sind beschränkt.
- Die galvanische Trennung ist sehr aufwändig.
- Die anthropotechnische Anpassung ist gut, da z. B. Tendenzen schneller erkennbar sind.

Für frequenzanaloge und für digitale Signale gilt:

- Die mögliche statische Genauigkeit ist im Prinzip beliebig hoch.

- Die Dynamik ist begrenzt.
- Die Störsicherheit bei der Signalübertragung ist hoch.
- Rechenoperationen sind wegen der einfachen Anpassung an einen Mikrorechner leicht möglich.
- Eine galvanische Trennung ist mit Übertragern oder Optokopplern einfach möglich.

Eine anthropotechnische Anpassung ist im Falle frequenzanaloger Signale akustisch möglich. Bei digitalen Signalen kann durch Erhöhung der Stellenzahl eine sehr hohe Auflösung erzielt werden.

Für spezielle Rechenoperationen, wie z. B. Quotienten- oder Integralwertbildung, sind frequenzanaloge Signale sehr gut geeignet. Frequenzanaloge Signale lassen sich mit wenig Aufwand ins digitale Signalformat umsetzen. Da außerdem eine Reihe wichtiger Sensoren frequenzanaloge Ausgangssignale liefern und zudem einfacher aufgebaut sind als vergleichbare amplitudenanaloge Sensoren, steigt die Bedeutung frequenzanaloger Signale und Sensoren.

3.2 Sensoren für geometrische und kinematische Größen

3.2.1 Resistive Weg- und Winkelaufnehmer

Vom Prinzip her besonders einfach sind resistive Weg- und Winkelaufnehmer, bei denen ein veränderlicher Ohm'scher Widerstand an einem Draht oder an einer Wicklung abgegriffen wird. Im einfachsten Fall bewegt sich nach Bild 3-1a und b ein vom Messweg oder Messwinkel angetriebener Schleifer auf einem gestreckten oder kreisförmigen Messdraht.

Der abgegriffene Widerstand R ist im unbelasteten Zustand dem Messweg x proportional. Mit dem Widerstandswert R_0 beim Messbereichsendwert x_0 ergibt sich

$$R = \frac{x}{x_0} R_0 \,.$$

Im belasteten Zustand hängt die Kennlinie vom Verhältnis R_0/R_L (R_L Lastwiderstand) ab, siehe 4.1.2.

Die Querschnittsfläche A des Widerstandsdrahtes soll möglichst konstant und der spezifische Widerstand ϱ hinreichend groß und temperaturunabhängig sein.

Beim *Ringrohr-Winkelaufnehmer* nach Bild 3-1c fungiert Quecksilber als Abgriff, indem es unterschied-

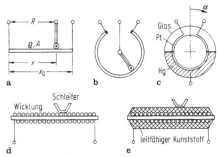

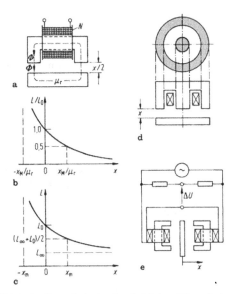

Bild 3-1. Resistive Weg- und Winkelaufnehmer. **a** Prinzip eines Wegaufnehmers, **b** Prinzip eines Winkelaufnehmers, **c** Ringrohr-Winkelaufnehmer, **d** gewickelter Wegaufnehmer, **e** Leitplastik-Aufnehmer

Bild 3-2. Drosselprinzip für induktive Wegaufnehmer. **a** Prinzip eines Drosselsystems, **b** Kennlinie ohne Streufluss, **c** Kennlinie mit Streufluss, **d** Schalenkernsystem aus Ferritmaterial, **e** Doppeldrossel (Differenzprinzip)

liche Teilbereiche des Messdrahtes kurzschließt und damit den Widerstand zwischen Quecksilber und den Drahtenden winkelproportional verändert.

Ein wesentlich höherer Gesamtwiderstand kann bei resistiven Weg- und Winkelaufnehmern nach Bild 3-1d durch *Wendelung des Messdrahtes* auf einem isolierenden Trägermaterial erzielt werden. Dadurch ergeben sich Unstetigkeiten im Widerstandsverlauf des Aufnehmers; es tritt der sog. Windungssprung auf. Durch eine zusätzliche Schicht aus *leitfähigem Kunststoff* („Leitplastik") über der Messwicklung (Bild 3-1e) kann sowohl der Windungssprung eliminiert als auch der Abrieb stark vermindert werden.

3.2.2 Induktive Weg- und Längenaufnehmer

Bei induktiven Aufnehmern wird durch Weg oder Winkel die Selbstinduktivität einer Spule oder die Gegeninduktivität (Kopplung) zwischen zwei Spulen gesteuert.

Drossel als Wegaufnehmer

Beim Drosselsystem nach Bild 3-2a wird die Induktivität $L(x)$ durch Veränderung des Luftspaltes x eines weichmagnetischen Kreises gesteuert.
Bei Normierung mit der Induktivität $L(0) = L_0$ ergibt sich unter vereinfachenden Annahmen (homogenes Feld im Eisen usw.)

$$\frac{L}{L_0} = \frac{1}{1 + \mu_r \dfrac{x}{x_M}} \cdot$$

Dabei ist μ_r, die Permeabilitätszahl (relative Permeabilität) und x_M die Weglänge im magnetischen Material.

Der Zusammenhang zwischen der Induktivität L und dem Messweg x ist in Bild 3-2b qualitativ dargestellt. Tatsächlich ergibt sich unter Berücksichtigung von Streuflüssen auch bei sehr großem Luftspalt eine endliche Induktivität $L(x \to \infty) = L_\infty > 0$. Die reale Kennlinie kann dann mit guter Näherung durch eine gebrochen rationale Funktion 1. Grades der Form

$$\frac{L}{L_0} = \frac{1 + \dfrac{L_\infty}{L_0} \cdot \dfrac{x}{x_m}}{1 + \dfrac{x}{x_m}}$$

beschrieben werden und ist in Bild 3-2c dargestellt. Dabei ist x_m der mittlere Weg, für den sich die mittlere Induktivität $\frac{1}{2}(L_0 + L_\infty)$ ergibt.
Wegaufnehmer nach diesem Prinzip können auch mit kreiszylindrischen Schalenkernen aus Ferritmaterial nach Bild 3-2d realisiert und mit Frequenzen bis etwa 100 kHz betrieben werden. Oft ist es von Vorteil,

zwei Aufnehmer (Doppeldrossel) mit der Messgrö-ße x gegensinnig auszusteuern (Bild 3-2e) und die Ausgangssignale voneinander zu subtrahieren (Spannung ΔU). Durch dieses Differenzprinzip kann eine Linearisierung der Kennlinie und eine Kompensierung des Temperatureinflusses erreicht werden.

Tauchkernsysteme

Tauchkernsysteme sind zur Messung mittlerer und auch größerer Wege geeignet. Nach Bild 3-3a besteht ein einfacher Tauchkernaufnehmer aus einer, in der Regel mehrlagigen Spule, deren Induktivität durch die Eintauchtiefe eines ferromagnetischen Tauchkerns gesteuert wird.

Die Anwendung des Differenzprinzips führt entweder zum *Doppelspulen-Tauchkernsystem* (Bild 3-3b) oder zum *Differenzialtransformator-Tauchkernsystem* (linear variable differential transformer, LVDT) nach Bild 3-3c, wobei beide Differenzialsysteme bessere Kennlinienlinearität (Bild 3-3d) aufweisen als das einfache Tauchkernsystem.

Weitere induktive Aufnehmer

In der Werkstoffprüfung, für die Schwingungsmessung sowie als Präsenzdetektoren und Aufnehmer für kleine und mittlere Wege haben *Wirbelstromaufnehmer* (Bild 3-4a) Bedeutung erlangt.

Durch das von der Spule erzeugte Wechselfeld werden in der nichtmagnetischen leitenden Platte Wirbel-ströme erzeugt, die zu einer Bedämpfung der Spule und zu einer Verringerung der Induktivität führen. Es haben sich sogar gedruckte spiralförmige Flachspulen (Bild 3-4b) als sehr geeignet zur Wegaufnahme erwiesen. Verwendet man statt einer leitenden eine ferromagnetische Platte, so steigt die Induktivität der Spule bei Annäherung an. So lassen sich z. B. Eisenteile von unmagnetischen Metallen unterscheiden.

Als induktiver Aufnehmer für größere Wege im Bereich von etwa 10 bis 200 mm eignen sich auch Luftspulen, die aus Federmaterial, z. B. Kupfer-Beryllium, gefertigt und als *konische Schraubenfedern* ausgebildet sind (Bild 3-4c). Näherungsweise ist die Windungszahl einer solchen Spule und ihre wirksame Fläche konstant. Die Induktivität dieser Spule, die bei Frequenzen im MHz-Bereich betrieben wird, ist der wirksamen Länge umgekehrt proportional. Die Baulänge der Spule ist praktisch identisch mit der Messspanne. Bei kleinen Wegen x legt sich die Spule fast vollständig flach zusammen.

3.2.3 Kapazitive Aufnehmer für Weg und Füllstand

Bei kapazitiven Aufnehmern wird durch den Messweg oder durch den Höhenstand einer Flüssigkeit die Kapazität eines Platten- oder Zylinderkondensators gesteuert. Die Kapazität C eines Plattenkondensators berechnet sich aus der Fläche A und dem Abstand d zu

$$C = \varepsilon_0 \varepsilon_r \frac{A}{d} \ .$$

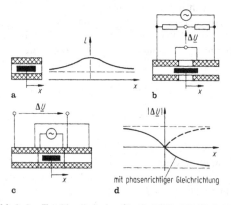

Bild 3-3. Tauchkernprinzip für induktive Aufnehmer. **a** Einfacher Tauchkernaufnehmer, **b** Doppelspulen-Tauchkernsystem, **c** Differenzialtransformator-Tauchkernsystem, **d** Kennlinie von Differenzialsystemen

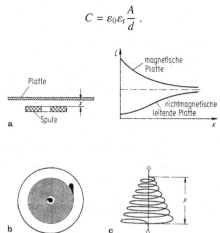

Bild 3-4. Weitere induktive Aufnehmer. **a** Prinzip des Wirbelstromaufnehmers, **b** gedruckte spiralförmige Flachspule, **c** konische Schraubenfeder als Wegaufnehmer

Dabei ist $\varepsilon_0 = 1/\mu_0 c_0^2 = 8,854\ldots$ pF/m die elektrische Feldkonstante und ε_r die relative Permittivität (Dielektrizitätszahl). Verändert der Messweg x den Plattenabstand wie in Bild 3-5a gezeigt, so ist die daraus resultierende Kapazität dem Messweg näherungsweise umgekehrt proportional. Beeinflusst der Messweg x die Plattenfläche nach Bild 3-5b, so ergibt sich ein näherungsweise linearer Anstieg der Kapazität mit dem Weg. Während bei der gewöhnlichen Wegmessung Luft das Dielektrikum ist ($\varepsilon_r = 1$), kann bei bekannter Dielektrizitätszahl die Dicke von Kunststofffolien und -platten bestimmt werden.

Die *Höhenstandsmessung* von Flüssigkeiten in Behältern ist mithilfe eines Zylinderkondensators möglich. Die Kapazität besteht dabei aus einem konstanten Anteil C_0, der sich beim Füllstand x_0 ergibt, und aus einem Anteil, der dem Füllstand $(x - x_0)$ proportional ist:

$$C = C_0 + \frac{2\pi\varepsilon_0}{\ln(D/d)}(x - x_0)(\varepsilon_r - 1)$$

Dabei ist D der Innendurchmesser der Außenelektrode und d der Außendurchmesser der Innenelektrode. Bei isolierenden Flüssigkeiten bildet das Füllgut das Dielektrikum des Zylinderkondensators (Bild 3-5c). Bei leitenden Flüssigkeiten besitzt der Zylinderkondensator ein festes Dielektrikum, während das Füllgut die Außenelektrode des Zylinderkondensators bildet (Bild 3-5d).

3.2.4 Magnetische Aufnehmer

Mit magnetischen Aufnehmern lassen sich Wege und Winkel messen, wenn der Aufnehmer durch die jeweiligen Messgrößen unterschiedlichen magnetischen Induktionen ausgesetzt ist, die eindeutig der Messgröße zugeordnet werden können.

Die wichtigsten magnetischen Aufnehmer sind Hall-Sensoren, die auf dem Hall-Effekt beruhen, und Feldplatten (magnetfeldabhängige Widerstände), die auf dem Gauß-Effekt beruhen.

Hall-Sensoren

Bei den Hall-Sensoren (Bild 3-6a) wird ein Halbleiterstreifen der Dicke d einem magnetischen Feld der Induktion B ausgesetzt. Lässt man durch den Streifen in Längsrichtung einen Steuerstrom I fließen, so bewirkt die Lorentzkraft auf die bewegten Ladungen eine Ladungsverschiebung im Streifen und damit ein elektrisches Querfeld. Zwischen den Längsseiten ist deshalb eine Hall-Spannung abgreifbar:

$$U_H = R_H \frac{IB}{d} .$$

R_H ist der *Hall-Koeffizient*. Hall-Sensoren aus GaAs besitzen eine vergleichsweise geringe Temperaturabhängigkeit und sind bis etwa 120 °C geeignet.

Feldplatten

Bei der Feldplatte (Bild 3-6b) wird die Abhängigkeit des Widerstandes R_B in Längsrichtung des Halbleiterstreifens von der Induktion B ausgenutzt. Beim MDR

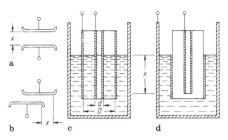

Bild 3-5. Kapazitive Aufnehmer. **a** und **b** Kapazitive Wegaufnehmer, **c** Höhenstandsmessung bei isolierenden Flüssigkeiten, **d** Höhenstandsmessung bei leitenden Flüssigkeiten

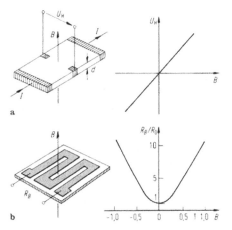

Bild 3-6. Magnetische Aufnehmer. **a** Hall-Sensor und Kennlinie, **b** Feldplatte und Kennlinie

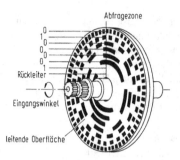

Bild 3-7. Winkelcodierer (Codescheibe)

(magnetic field depending resistor) spricht man auch vom magnetischen Widerstandseffekt oder Gauß-Effekt. Der Widerstand R_B der Feldplatten nimmt etwa quadratisch mit der Induktion B zu und beträgt

$$R_B = R_0(1 + kB^2) \, .$$

Der typische Widerstandsverlauf einer Feldplatte ist in Bild 3-6b dargestellt. Da die Empfindlichkeit der Feldplatten mit steigender Induktion gemäß

$$\frac{dR_B}{dB} = 2kR_0 B$$

wächst, werden Feldplatten in der Umgebung eines Arbeitspunktes $|B| > 0$ betrieben. Wegen ihrer hohen Temperaturabhängigkeit werden Feldplatten gerne in einer Differenzialanordnung eingesetzt. So lassen sich Weg-, Winkel- und auch Drehzahlaufnehmer realisieren.

3.2.5 Codierte Weg- und Winkelaufnehmer

Bei codierten Längen- und Winkelmaßstäben ist jeder Messlänge bzw. jedem Messwinkel ein umkehrbar eindeutiges, binär codiertes digitales Signal zugeordnet. Dieses liegt in räumlich parallel codierter Form vor und kann unmittelbar abgelesen werden.
Der Winkelcodierer oder die Codescheibe besteht aus einer Welle und einer Scheibe oder einer Trommel, die mit einem Codemuster versehen ist (Bild 3-7).
Das Codemuster besteht entweder aus einer Kombination leitender und nichtleitender Flächen oder aus einer Kombination lichtdurchlässiger und lichtundurchlässiger Flächen. Es sind auch magnetische Winkelcodierer bekannt, bei denen das Codemuster

aus magnetischen und nichtmagnetischen Flächen aufgebaut ist. Die erreichbare Auflösung liegt je nach Ausführungsform etwa zwischen 100 und 50 000 auf dem Umfang.
Damit bei der Abtastung von Winkelcodierern der Fehler nicht größer als eine Quantisierungseinheit werden kann, wird die Codescheibe mit einer redundanten Abtasteinrichtung abgefragt oder es werden sog. einschrittige Codes, wie der *Gray-Code*, angewendet, bei dem sich beim Übergang von einer Zahl zur nächsten stets nur ein einziges Bit ändert.

3.2.6 Inkrementale Aufnehmer

Bei den sog. inkrementalen Messverfahren wird der gesamte Messweg bzw. der gesamte Messwinkel in eine Anzahl gleich großer Elementarschritte zerlegt. Die Breite eines Elementarschrittes kennzeichnet das Auflösungsvermögen.
Der Aufbau eines inkrementalen Längenmesssystems ist in Bild 3-8 gezeigt. Es besteht aus dem Maßstab und dem zugehörigen Abtastkopf. Der Abtastkopf ist über dem Maßstab in einem Abstand von wenigen Zehntelmillimetern montiert. Die Abtastplatte besteht aus vier Abtastfeldern und ist im Abtastkopf enthalten.
Der Aufbau ist wie bei einem Strichgitter und setzt sich aus lichtundurchlässigen Strichen und aus durchsichtigen Lücken zusammen, deren Teilung mit der Maßstabteilung übereinstimmt. Das Licht der im Abtastkopf eingebauten Lampe fällt schräg auf die Abtastplatte und durch die Lücken der vier Abtastfelder auf den Maßstab. Von den blanken Maßstabslücken wird das Licht reflektiert. Es tritt wieder durch die Lücken der Abtastplatte und trifft auf die zugeordneten Fotoempfänger.

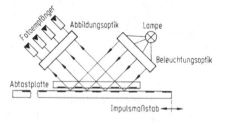

Bild 3-8. Inkrementales Längenmesssystem

Wird nun der Maßstab relativ zum Abtastkopf verschoben, so schwankt die Intensität des auf die Fotoempfänger gelangenden Lichtes periodisch. Die Fotoempfänger wiederum liefern eine sinusähnliche Spannung, deren Periodenzahl nach Impulsformung gezählt wird.

Die vier Gitterteilungen sind jeweils um eine Viertel Gitterperiode gegeneinander versetzt angeordnet. Durch Antiparallelschaltung der Gegentaktsignale ergeben sich zwei um 90° verschobene Differenzsignale, deren Gleichanteil kompensiert ist. Diese um 90° gegeneinander verschobenen Signale ergeben nach Auswertung der Phasenlage die Richtungsinformation der Bewegung. Je nach Bewegungsrichtung, eilt das eine Signal dem anderen um 90° vor oder nach. Mit einem Richtungsdiskriminator kann deshalb die Zählrichtung für den nachgeschalteten Vorwärts-Rückwärts-Zähler bestimmt werden.

Neben den inkrementalen Längenmaßstäben mit optischer Abtastung gibt es auch inkrementale Winkelmaßstäbe mit optischer, magnetischer oder induktiver Abtastung. Ein typischer Wert der erreichbaren Auflösung liegt bei einer Winkelminute.

3.2.7 Laser-Interferometer

Höhere Genauigkeit und höhere Auflösung als mit inkrementalen Gittermaßstäben ist mit einem Laser-Interferometer erreichbar, dessen Prinzip bereits von Michelson beschrieben wurde. Das Funktionsprinzip eines Laser-Interferometers kann mit Bild 3-9 erklärt werden.

Durch einen halbdurchlässigen Spiegel wird das von einem Laser erzeugte monochromatische Licht in einen Messstrahl und einen Vergleichsstrahl aufgespalten (A). Der Messstrahl trifft auf einen

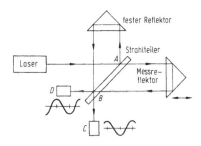

Bild 3-9. Funktionsprinzip des Laser-Interferometers

rechtwinkeligen Reflektor, dessen Abstand gemessen werden soll. Der Vergleichsstrahl wird über einen fest angeordneten Reflektor zum Punkt B des halbdurchlässigen Spiegels zurückgeführt. Dort werden durch Überlagerung mit dem reflektierten Messstrahl die Interferenzstreifen gebildet und von den Fotodetektoren C und D analysiert.

Durch eine Abstandsänderung von $\lambda/4$ wird so die Lichtintensität vom Maximalwert auf einen Minimalwert geändert. Bei Bewegung des Messreflektors wird in den Fotodetektoren ein sinusähnliches Signal erzeugt, dessen Periodenzahl nach Impulsformung in einem elektronischen Zähler ermittelt werden kann.

Die Genauigkeit eines Laser-Interferometers hängt nur von der Genauigkeit der Wellenlänge des monochromatischen Lichtes ab. Diese Wellenlänge ist von den Umgebungsbedingungen abhängig. Eine Abstandsänderung d des Messreflektors hängt mit der Wellenlänge λ_0 bei Normalbedingungen und der Zahl N der Interferenzstreifen über folgende Beziehung zusammen:

$$2d = \lambda_0 N(1 + K) \, .$$

Der Korrekturfaktor K berücksichtigt die vorhandenen Werte von Druck, Temperatur und relativer Luftfeuchte nach der Beziehung

$$K = k_\mathrm{p}(p - p_0) + k_\mathrm{T}(T - T_0) + k_\mathrm{f}(f - f_0) \, .$$

$k_\mathrm{p}, k_\mathrm{T}$ und k_f sind die Korrekturbeiwerte für den Druck p, die Temperatur T bzw. die relative Luftfeuchte f. Die mit 0 indizierten Größen kennzeichnen die Normalbedingungen. Die Korrekturbeiwerte betragen

$$k_\mathrm{p} = -0{,}2 \cdot 10^{-6}/\mathrm{hPa} \, ,$$
$$k_\mathrm{T} = 0{,}9 \cdot 10^{-6}/\mathrm{K} \, ,$$
$$k_\mathrm{f} = 3{,}0 \cdot 10^{-6} \, .$$

Die herrschenden Umgebungsbedingungen müssen also bei genauen Messungen mit Sensoren erfasst und berücksichtigt werden.

3.2.8 Drehzahlaufnehmer

Nach dem Funktionsprinzip unterscheidet man analoge Tachogeneratoren, bei denen eine Spannung induziert wird, deren Amplitude der Drehzahl proportional ist, und Impulsabgriffe, bei denen die Impulsfolgefrequenz der Drehzahl proportional ist (siehe 6.3.4).

Wirbelstromtachometer

Beim Wirbelstromtachometer (Bild 3-10a) wird die induzierte Spannung nicht direkt abgegriffen, sondern das Drehmoment der von ihr erzeugten Wirbelströme erfasst. Ein mehrpoliger Dauermagnet rotiert in einem getrennt gelagerten Kupfer- oder Aluminiumzylinder. Dieser taucht in den Luftspalt zwischen dem ringförmigen Dauermagneten und einer Eisenrückschlussglocke ein. Die Feldlinien zwischen Magnet und Eisenrückschlussglocke erzeugen bei Rotation im Zylinder Wirbelströme, die ein Moment bewirken, das proportional der Drehzahl steigt. Diesem Moment wirkt ein von einer Spiralfeder erzeugtes Gegendrehmoment entgegen. Im Gleichgewicht ist der Winkelausschlag von der Drehzahl linear abhängig.

Tachogeneratoren

Bei Wechselspannungs-Tachogeneratoren werden über feststehende Spulen und rotierende Magnete Wechselspannungen erzeugt, deren Amplitude der Drehzahl proportional ist. Bei einphasigen Tachogeneratoren kann die Messung dieser Amplitude entweder durch Brückengleichrichtung und nach-

folgende Mittelwertbildung erfolgen oder es wird die Spannung in ihrem Maximum abgetastet und so lange gehalten (sample and hold), bis der gesuchte Maximalwert ausgewertet worden ist.

Bei dreiphasigen Tachogeneratoren (Bild 3-10b) besitzt die gleichgerichtete Ausgangsspannung nur eine geringe Restwelligkeit. Der Anker besteht aus einem umlaufenden Polrad mit gerader Polzahl, wobei Nord- und Südpole abwechseln. Die Ständerwicklungen sind natürlich (anders als im Bild 3-10b) gleichmäßig am Umfang angeordnet.

Impulsabgriffe

Eine drehzahlproportionale Frequenz erhält man über Impulsabgriffe, die nach Bild 3-11a entweder als Induktionsabgriff oder nach Bild 3-11b, c und d als induktive, magnetische oder optische Begriffe realisiert sein können.

Ein *Induktionsabgriff*, der im Prinzip in Bild 3-11a dargestellt ist, besteht aus einem Dauermagnetstab, einer Induktionsspule und einem Eisenrückschluss-

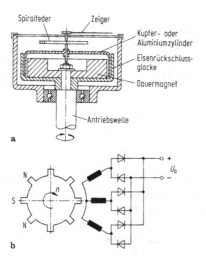

Bild 3-10. Analoge Drehzahlaufnehmer. **a** Wirbelstromtachometer (Merz), **b** dreiphasiger Tachogenerator

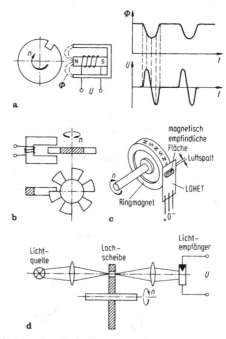

Bild 3-11. Impulsabgriffe zur Drehzahlaufnahme. **a** Induktionsabgriff (Hartmann & Braun), **b** induktiver Abgriff. **c** magnetischer Abgriff (Honeywell), **d** optischer Abgriff

mantel. Die Marken auf der Messwelle sind so ausgebildet, dass der magnetische Fluss in der Induktionsspule geändert wird. Im einfachsten Fall dienen Nuten oder ein weichmagnetisches Zahnrad zur Modulation des magnetischen Flusses. Nach dem Induktionsgesetz ist die induzierte Spannung U der Änderungsgeschwindigkeit des magnetischen Flusses und der Windungszahl N proportional:

$$U = N \frac{\mathrm{d}\Phi}{\mathrm{d}t} \sim n \,.$$

Die induzierte Spannung ist der Drehzahl n proportional. Bei der Messung kleiner Drehzahlen treten deshalb höhere relative Fehler auf.

Induktive, magnetische und optische Abgriffe sind im Prinzip Wegaufnehmer und haben diesen Nachteil nicht.

Beim *induktiven Abgriff* wird durch Marken auf der Messwelle der magnetische Widerstand eines magnetischen Kreises und damit die Induktivität geändert.

Beim *magnetischen Abgriff* werden ähnlich wie beim Induktionsabgriff ein oder mehrere Permanentmagnete verwendet, um durch die Marken der Messwelle den magnetischen Fluss zu modulieren. Mit Hall-Sonden oder Feldplatten (magnetfeldempfindlichen Widerständen) ergibt sich dann ein vom Wert der magnetischen Induktion abhängiges Ausgangssignal.

Beim *optischen Abgriff* (Bild 3-11d) wird das von einer Lichtquelle (z. B. von lichtemittierenden Dioden) auf einen Lichtempfänger (z. B. Fototransistor) gerichtete Licht durch entsprechende Marken auf einer Messwelle oder -scheibe (Schlitzscheibe oder Fotoscheibe) moduliert.

In allen drei Fällen ist die Frequenz des Ausgangssignals der Drehzahl proportional. Die Messung dieser Frequenz ist mit einfachen Mitteln mithilfe der digitalen Zählertechnik möglich. Es können auch eine oder mehrere Perioden des Messsignals durch nachfolgende Reziprokwertbildung ausgewertet werden.

Analoganzeige der Drehzahl

Analoge Anzeiger sind immer dann von Bedeutung, wenn der Mensch eine grobe, aber schnelle Information, z. B. über die Drehzahl eines Verbrennungsmotors erhalten soll.

Liegen drehzahlproportionale Frequenzsignale vor, so können diese nach Bild 3-12 mit einem Frequenz-

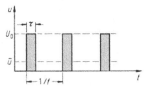

Bild 3-12. Frequenz-Spannungs-Umsetzung

Spannungs-Umsetzer in eine proportionale Spannung umgeformt werden. Nach Impulsformung wird das Signal des Impulsabgriffes auf eine monostabile Kippstufe geleitet, die am Ausgang Impulse konstanter Breite τ und konstanter Höhe U_0 liefert. Der arithmetische Mittelwert dieses Signales ist

$$\bar{u} = \frac{1}{T} \int_0^T u(t)\,\mathrm{d}t = f \int_0^\tau U_0\,\mathrm{d}t = U_0 \tau f \,.$$

3.2.9 Beschleunigungsaufnehmer

Mit Sensoren zur Messung der Linearbeschleunigung kann die Beanspruchung von Mensch oder Material ermittelt werden. Ferner ist durch einfache bzw. doppelte Integration von Beschleunigungssignalen die Bestimmung der Geschwindigkeit oder des zurückgelegten Weges von Luft- und Raumfahrzeugen möglich (Trägheitsnavigation).

Beschleunigungsmessungen werden in der Regel auf Kraftmessungen zurückgeführt. Für die Beschleunigung a einer Masse m und die Trägheitskraft F gilt nach Newton $a = F/m$. Gemäß dem verwendeten Prinzip der Kraftmessung unterscheidet man Beschleunigungssensoren mit elektrischer Kraftkompensation, mit piezoelektrischer Kraftaufnahme und mit Federkraftmessung. Zu der zuletzt genannten Gruppe gehören z. B. *Feder-Masse-Systeme* nach Bild 3-13a, bei denen die Beschleunigung a eine proportionale Auslenkung x der Masse bewirkt.

Eine scheibenförmige Masse ist an zwei Membranfedern aufgehängt und unterliegt wegen der Ölfüllung des Gehäuses einer näherungsweise geschwindigkeitsproportionalen Dämpfung. Der Verschiebeweg x der Masse wird über ein induktives Doppeldrosselsystem erfasst. (Die Induktivität der einen Drossel

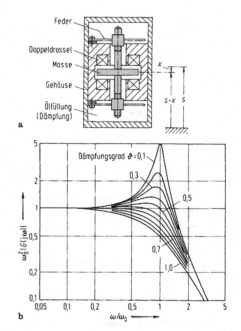

Bild 3-13. Feder-Masse-System als Beschleunigungs-Aufnehmer. **a** Konstruktionsskizze, **b** Amplitudengang

wird dabei vergrößert, die der anderen Drossel verkleinert.) In einer Wechselstrom-Brückenschaltung können diese gegensinnigen Induktivitätsänderungen ausgewertet werden (Differenzprinzip).

Dynamisches Verhalten

Das dynamische Verhalten eines Beschleunigungsaufnehmers mit Feder-Masse-System lässt sich durch die Dgl.

$$k\frac{\mathrm{d}x}{\mathrm{d}t} + cx = m\frac{\mathrm{d}^2(s-x)}{\mathrm{d}t^2}$$

beschreiben. Darin bedeuten

x Auslenkung der Masse (gegen das Gehäuse),
s Absolutweg des Gehäuses,
$s-x$ Absolutweg der Masse, sowie
k Dämpfungskonstante,
c Federkonstante,
m Masse.

Führt man die Kreisfrequenz ω_0 der ungedämpften Eigenschwingung und den Dämpfungsgrad ϑ gemäß

$$\omega_0 = \sqrt{\frac{c}{m}} \quad \text{und} \quad \vartheta = \frac{k}{2m\omega_0}$$

ein, so erhält man für die Beschleunigung

$$a = \frac{\mathrm{d}^2 s}{\mathrm{d}t^2} = \omega_0^2 x + 2\vartheta\omega_0\frac{\mathrm{d}x}{\mathrm{d}t} + \frac{\mathrm{d}^2 x}{\mathrm{d}t^2} .$$

Während „tief abgestimmte" Systeme mit sehr niedriger Eigenfrequenz als seismische Wegaufnehmer verwendet werden ($s \approx x$), müssen Feder-Masse-Systeme für Beschleunigungsaufnehmer „hoch abgestimmt" sein, um auch schnellen Änderungen möglichst verzögerungsfrei folgen zu können. Der Wunsch nach möglichst hoher Kreisfrequenz ω_0 der ungedämpften Eigenschwingung widerspricht der Forderung nach hoher statischer Empfindlichkeit E. Die *Empfindlichkeit* ist nämlich

$$E = \frac{\mathrm{d}x}{\mathrm{d}a} = \frac{1}{\omega_0^2} = \frac{m}{c} ,$$

ist also umgekehrt proportional dem Quadrat der Eigenfrequenz. Der Amplitudengang $|G(\mathrm{j}\omega)|$ eines Feder-Masse-Systems als Beschleunigungsaufnehmer ist gleich dem Verhältnis der Amplitude der Relativbewegung der Masse zur Amplitude der sinusförmigen Beschleunigung am Eingang. Aus der Theorie der Übertragungsglieder 2. Ordnung, siehe 1.2.7, folgt:

$$|G(\mathrm{j}\omega)| = \frac{|x|}{|a|} = \frac{1}{\omega_0^2} \cdot \frac{1}{\sqrt{\left[1 - \left(\dfrac{\omega}{\omega_0}\right)^2\right]^2 + \left(2\vartheta\dfrac{\omega}{\omega_0}\right)^2}} .$$

Der Verlauf des Amplitudengangs (Bild 3-13b) hängt stark vom Dämpfungsgrad ϑ ab. Der wiederum hängt stark von der Viskosität des zur Dämpfung verwendeten Öles und damit von der Temperatur der Ölfüllung ab. Beschleunigungsaufnehmer mit Feder-Masse-Systemen sind bei hohen Genauigkeitsansprüchen nur bis zu Messfrequenzen von etwa 10% der Eigenfrequenz und bei verminderten Ansprüchen etwa bis zu 50% der Eigenfrequenz geeignet.
Beschleunigungsaufnehmer werden bei Schwingungsuntersuchungen und für Schocktests eingesetzt. In Kraftfahrzeugen werden sie zur Auslösung von Airbags verwendet, sobald zulässige Werte der Stoßbeschleunigung überschritten werden.

3.3 Sensoren für mechanische Beanspruchungen

Bei der Messung mechanischer Beanspruchungen sind Sensoren für Kräfte, Drücke und Drehmomente von Bedeutung. Diese mechanischen Beanspruchungen können zunächst mit Federkörpern gemessen werden, deren Dehnung oder Auslenkung ausgewertet wird. Außerdem gibt es Aufnehmer mit selbsttätiger Kompensation über die Schwerkraft oder mit elektrischer Kraftkompensation. Kräfte und Drücke lassen sich auch mit magnetoelastischen und piezoelektrischen Aufnehmern erfassen. Präzisions-Druckmessungen sind mit Schwingquarzen möglich. Ein kraftanaloges Frequenzsignal liefern Aufnehmer mit Schwingsaite, schwingender Membran oder Schwingzylinder.

3.3.1 Dehnungsmessung mit Dehnungsmessstreifen

Beim Dehnungsmessstreifen (DMS) ändert sich der elektrische Widerstand eines Drahtes unter dem Einfluss einer Dehnung. Nach Bild 3-14a wird dabei die Länge l des Drahtes um die Länge dl vergrößert und der Durchmesser D um den Betrag dD verringert. Mit dem spezifischen Widerstand ϱ ist der Widerstand des Drahtes vor der Dehnung

$$R = \frac{4\varrho l}{\pi D^2} \, .$$

Durch die Dehnung wird der Widerstand

$$R + \mathrm{d}R = \frac{4}{\pi} \cdot \frac{(\varrho + \mathrm{d}\varrho)(l + \mathrm{d}l)}{(D + \mathrm{d}D)^2}$$

Für differenzielle Änderungen dϱ, dl und dD ergibt sich die relative Widerstandsänderung

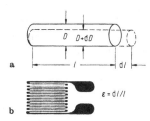

Bild 3-14. Dehnungsmessung. a Dehnung eines Drahtes, b Folien-Dehnungsmessstreifen

$$\frac{\mathrm{d}R}{R} = \frac{\mathrm{d}l}{l} - 2\frac{\mathrm{d}D}{D} + \frac{\mathrm{d}\varrho}{\varrho}$$

$$= \frac{\mathrm{d}l}{l}\left(1 - 2\frac{\mathrm{d}D/D}{\mathrm{d}l/l} + \frac{\mathrm{d}\varrho/\varrho}{\mathrm{d}l/l}\right) \, .$$

Die relative Längenänderung $\varepsilon = \mathrm{d}l/l$ bezeichnet man als *Dehnung*, die relative Längenänderung $\varepsilon_\mathrm{q} = \mathrm{d}D/D$ als Querdehnung.
Der Quotient aus negativer Querdehnung und Dehnung heißt *Poisson-Zahl*

$$\mu = \frac{-\varepsilon_\mathrm{q}}{\varepsilon} \, .$$

Mit diesen Größen ist die relative Widerstandsänderung

$$\frac{\mathrm{d}R}{R} = \left(1 + 2\mu + \frac{\mathrm{d}\varrho/\varrho}{\varepsilon}\right)\varepsilon = k\varepsilon \, .$$

Der sog. *k-Faktor* beschreibt die Empfindlichkeit des DMS. Aus dem Volumen $V = \frac{1}{4}\pi D^2 l$ berechnet sich die relative Volumenänderung

$$\frac{\mathrm{d}V}{V} = \frac{\mathrm{d}l}{l} + 2\frac{\mathrm{d}D}{D} = \frac{\mathrm{d}l}{l}(1 - 2\mu) \, .$$

Da unter der Wirkung eines Zuges allenfalls eine Volumenzunahme erfolgt, kann die Poisson-Zahl höchstens gleich 0,5 sein. Gemessene Werte der Poisson-Zahl liegen etwa zwischen 0,15 und 0,45.
Bei Dehnung ohne Volumenänderung ist die Poisson-Zahl 0,5. Bleibt gleichzeitig der spezifische Widerstand konstant, so wird der k-Faktor

$$k = 1 + 2\mu + \frac{\mathrm{d}\varrho/\varrho}{\varepsilon} = 1 + 2 \cdot 0{,}5 + 0 = 2 \, .$$

Dieser Wert wird bei Metallen wie Konstantan (60% Cu, 40% Ni) und Karma (74% Ni, 20% Cr, 3% Al) tatsächlich beobachtet. Bei höheren Temperaturen bis 650 °C bzw. 1000 °C ist Platiniridium (90% Pt, 10% Ir) oder Platin als DMS-Material geeignet. Beide Materialien haben etwa den k-Faktor $k = 6$.
Besonders hohe Widerstandsänderungen ergeben sich bei Halbleiterdehnungsmessstreifen. In dotiertem Silizium ist der Piezowiderstandseffekt dϱ/ϱ stark ausgeprägt. Typisch sind k-Faktoren von etwa 100. Zulässige Dehnungen von etwa $3 \cdot 10^{-3}$ führen zu vergleichsweise hohen relativen Widerstandsänderungen. Störend ist u. U. die starke

Temperaturabhängigkeit von Nullpunkt und Steilheit (Widerstand und k-Faktor), die sich jedoch in gewissen Grenzen kompensieren lässt.
Die gebräuchliche Ausführungsform ist heute der *Folien-DMS* (vgl. Bild 3-14b) für beschränkte Umgebungstemperaturen. Nur bei höheren Temperaturen werden noch *Draht-DMS* verwendet. Folien-DMS lassen sich leicht in großen Stückzahlen in Ätztechnik herstellen (ähnlich wie gedruckte Schaltungen). Die Gestalt des Leiters kann nahezu beliebig sein, deshalb können die Querverbindungen auch breiter ausgeführt werden als die Leiter in Messrichtung. Typische Widerstandswerte von DMS liegen zwischen 100 und 600 Ω.

3.3.2 Kraftmessung mit Dehnungsmessstreifen

Wirkt an einem Stab mit dem Querschnitt A die Zug- oder Druckkraft F, so entsteht nach Bild 3-15a in diesem eine mechanische Spannung σ.
Sie bewirkt nach dem Hooke'schen Gesetz innerhalb des Elastizitätsbereiches eine proportionale Dehnung

$$\varepsilon = \frac{\sigma}{E},$$

(E Elastizitätsmodul). Bei der in Bild 3-15b dargestellten Kraftmessdose mit DMS sind zwei DMS in Kraftrichtung und zwei DMS senkrecht dazu auf einem Hohlzylinder aufgeklebt, der durch die Messkraft gestaucht wird. Im Idealfall erfahren die DMS in Kraftrichtung eine Längsdehnung

$$\varepsilon_1 = \frac{F}{AE}$$

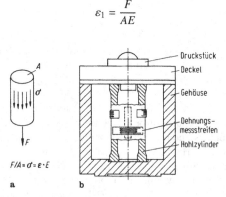

Druckstück
Deckel
Gehäuse
Dehnungs-messstreifen
Hohlzylinder

a   b

Bild 3-15. Kraftmessung mit Dehnungsmessstreifen. **a** Elastische Verformung eines Federkörpers, **b** Kraftmessdose mit Dehnungsmessstreifen (Siemens)

und die DMS senkrecht dazu eine kleinere Querdehnung

$$\varepsilon_q = -\mu\varepsilon_1 .$$

(F Messkraft, A Querschnittsfläche des Stauchzylinders, E Elastizitätsmodul, μ Poisson-Zahl.)
Der Widerstand der beiden DMS in Kraftrichtung verringert sich dabei, der Widerstand der beiden DMS senkrecht dazu vergrößert sich. Die vier DMS werden so in einer Brückenschaltung im Ausschlagverfahren (siehe 4.2.3) angeordnet, dass die maximale Empfindlichkeit erreicht wird. Gleichzeitig ergibt sich bei geeigneter Dimensionierung eine Verringerung der Temperaturabhängigkeit des Ausgangssignals durch das Differenzprinzip (Unterdrückung von Gleichtaktstörungen).
Zur Abschätzung der im elastischen Bereich erhaltenen Dehnungen nehmen wir für Stahl ein Elastizitätsmodul von $E = 200\,\text{kN/mm}^2$ und eine zulässige Spannung $\sigma_{zul} = 500\,\text{N/mm}^2$ an. Daraus errechnet sich die Dehnung

$$\varepsilon = \sigma_{zul}/E = 2.5\,\%_{00} = 2.5\,\text{mm/m} .$$

Im elastischen Bereich sind also nur Dehnungen von wenigen $\%_{00}$ zulässig. Typische Messbereiche bei der Dehnungsmessung an metallischen Werkstoffen liegen bei $\pm\,5000\,\mu\text{m/m} = \pm\,5\,\%_{00}$. Dehnungen von 1% dürfen im Normalfall nicht erreicht werden, da sie zu plastischen Verformungen führen.

3.3.3 Druckmessung mit Dehnungsmessstreifen

Häufig werden zur Druckmessung elastische Membranen oder Plattenfedern eingesetzt, die sich bei Belastung mit einem Druck p bzw. einem Differenzdruck Δp verformen. Die an der Membranoberfläche entstehenden radialen und tangentialen Spannungen σ_r und σ_t bewirken Dehnungen ε_r und ε_t und können mit geeigneten DMS erfasst werden (Bild 3-16).
Für gegen die Membrandicke h kleine Durchbiegungen sind die Dehnungen der Membran mit fester Randeinspannung nach Bild 3-16a

$$\varepsilon_r = \frac{\sigma_r}{E} = \frac{3}{8}\left(\frac{R}{h}\right)^2\frac{p}{E}(1+\mu)\left[1 - \frac{3+\mu}{1+\mu}\left(\frac{r}{R}\right)^2\right],$$

$$\varepsilon_t = \frac{\sigma_t}{E} = \frac{3}{8}\left(\frac{R}{h}\right)^2\frac{p}{E}(1+\mu)\left[1 - \frac{1+3\mu}{1+\mu}\left(\frac{r}{R}\right)^2\right].$$

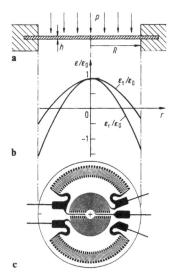

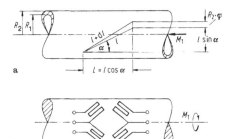

Bild 3-16. Druckmessung mit Dehnungsmessstreifen. a Durch Druck verformte Membran, b Radialer Verlauf der tangentialen und radialen Dehnung, c Rosetten-Dehnungsmessstreifen (Hottinger Baldwin Messtechnik)

(E Elastizitätsmodul, μ Poisson-Zahl, r radiale Koordinate, R Membranradius.)

Die Dehnungen verlaufen parabelförmig und haben am Membranrand das entgegengesetzte Vorzeichen gegenüber der Mitte. In Membranmitte sind die radialen und tangentialen Dehnungen gleich groß (vgl. Bild 3-16b).

Zur Dehnungsmessung an der Membranoberfläche verwendet man spezielle *Rosetten-Dehnungsmessstreifen* (Bild 3-16c). Diese DMS sind so gestaltet, dass je zwei Streifen die große Radialdehnung in der Nähe des Membranrandes bzw. die darauf senkrechte Tangentialdehnung in der Nähe der Membranmitte erfassen.

3.3.4 Drehmomentmessung mit Dehnungsmessstreifen

Zur *Drehmomentmessung* mit Dehnungsmessstreifen verwendet man eine elastische Hohlwelle mit den Radien R_1 und R_2 nach Bild 3-17a, die auf einer Messlänge L unter dem Einfluss des Torsionsmomentes M_T um den Winkel φ verdreht wird.

Bild 3-17. Drehmomentmessung mit Dehnungsmessstreifen. a Dehnung an der Oberfläche einer Messwelle, b Drehmoment-Messwelle mit Dehnungsmessstreifen

Der Torsionswinkel φ ist

$$\varphi = \frac{2}{\pi} \cdot \frac{LM_T}{\left(R_2^4 - R_1^4\right)G}$$

(G Schubmodul). Mit Bild 3-17a ergibt sich für die Dehnung ε an der Oberfläche der Messwelle abhängig vom Winkel α

$$\varepsilon = \frac{1}{2} \cdot \frac{R_2\varphi}{L}\sin 2\alpha = \frac{1}{\pi} \cdot \frac{R_2}{R_2^4 - R_1^4} \cdot \frac{M_T}{G}\sin 2\alpha \ .$$

Das Torsionsmoment M_T kann also durch Messung der Dehnung an der Oberfläche der Messwelle bestimmt werden. Dazu werden DMS auf die Messwelle aufgeklebt. Parallel und auch senkrecht zur Achse der Messwelle ist die Dehnung gleich null. Betragsmäßig maximale Dehnung erhält man bei den Aufklebewinkeln $\alpha_{max} = 45°$ und $135°$.

Bild 3-17b zeigt eine Messwelle mit vier Dehnungsmessstreifen, deren Widerstandsänderungen in einer Vollbrückenschaltung ausgewertet werden können.

3.3.5 Messung von Kräften über die Auslenkung von Federkörpern

Parallelfeder

Beim einfachen Biegebalken als Messfeder stört die bei der Durchbiegung auftretende Neigung des freien Endes. Durch parallele Anordnung zweier gleicher Blattfedern nach Bild 3-18a wird erreicht, dass sich das freie Ende nur parallel bewegt. Die Auslenkung der Parallelfeder ist

$$x = \frac{1}{2b}\left(\frac{l}{h}\right)^3\frac{F}{E}$$

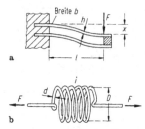

Bild 3-18. Messung von Kräften über die Auslenkung von Federkörpern. **a** Parallelfeder als Federkörper, **b** zylindrische Schraubenfeder

(*l* Länge, *b* Breite und *h* Höhe der Biegefedern, *E* Elastizitätsmodul).

Die Umformung einer Messkraft *F* in eine Auslenkung *x* ist auch mit einer zylindrischen Schraubenfeder (Bild 3-18b) möglich. Die Auslenkung ist

$$x = \frac{8iD^3}{d^4} \cdot \frac{F}{G}$$

(*i* Windungszahl, *d* Drahtdurchmesser, *D* Federdurchmesser, *G* Schubmodul, *F* Messkraft).

3.3.6 Messung von Drücken über die Auslenkung von Federkörpern

Druckmessung mit Membranen ist auch durch Messung der maximalen Auslenkung in Membranmitte nach Bild 3-19a möglich.

Die Auslenkung *x* berechnet sich abhängig vom Messdruck *p* zu

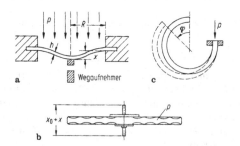

Bild 3-19. Messung von Drücken über die Auslenkung von Federkörpern. **a** Membran als Plattenfeder, **b** Kapselfeder (Siemens), **c** Rohrfeder (Bourdonfeder)

$$x = \frac{3}{16}(1 - \mu^2)\frac{R^4}{h^3} \cdot \frac{p}{E}$$

(*μ* Poisson-Zahl, *R* Radius, *h* Dicke, *E* Elastizitätsmodul der eingespannten Membran).

Dieser Zusammenhang gilt nur für kleine Auslenkungen *x* (etwa bis zur Membrandicke *h*), da sich die *Plattenfeder* durch auftretende Zugspannungen versteift. Größere mögliche Auslenkungen bei sonst gleicher Geometrie erhält man durch gewellte Membranen.

Zur Aufnahme kleiner Drücke, z. B. zur Luftdruckmessung oder zur Messung kleiner Differenzdrücke eignen sich *Kapselfedern*, die vergleichsweise dünn, großflächig und gewellt ausgeführt sind und in ihrem Aufbau einer Dose ähneln, die auf Ober- und Unterseite mit einer Membran abgeschlossen ist (Bild 3-19b).

Für hohe Drücke bis etwa 1000 bar werden *Rohrfedern* (Bild 3-19c) (*Bourdonfedern*) verwendet, bei denen sich ein kreisförmig gebogenes Rohr mit ovalem Querschnitt bei Druckbeanspruchung um einen Winkel *φ* aufbiegt, weil wegen der größeren Außenbogenlänge die Kraft auf die bogenäußere Innenwand größer ist als die auf die bogeninnere Wand.

3.3.7 Kraftmessung über Schwingsaiten

Eine gespannte, meist metallische Saite kann nach Bild 3-20a z. B. elektromagnetisch zu Transversalschwingungen angeregt werden.

Die Grundfrequenz *f* der schwingenden Saite ist

$$f = \frac{1}{2l}\sqrt{\frac{\sigma}{\varrho}}$$

(*l* Länge, *ϱ* Dichte des Saitenmaterials, *σ* mechanische Spannung).

Die mechanische Spannung *σ* kann durch die Spannkraft *F* und den Durchmesser *d* der Saite ausgedrückt werden: $\sigma = F/(\frac{\pi}{4}d^2)$. Für die Grundfrequenz *f* der Schwingsaite ergibt sich damit

$$f = \frac{1}{ld}\sqrt{\frac{F}{\pi\varrho}} \, .$$

Für praktische Anwendungen ist die Schwingsaite mit einer Mindestkraft F_0 vorgespannt und schwingt dabei bei der Frequenz f_0. Wirkt die zusätzliche Messkraft *F*, so resultiert die neue Frequenz *f*. Aus

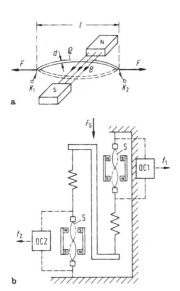

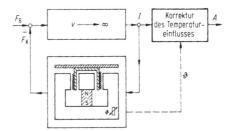

Bild 3-21. Waage mit elektrodynamischer Kraftkompensation

Bild 3-20. Kraft- und Druckmessung über Schwingsaiten. a Prinzip der Schwingsaitenaufnehmer, b Schwingsaitenwaage (Mettler)

$$f = \frac{1}{ld}\sqrt{\frac{F_0 + F}{\pi \varrho}} \quad \text{und} \quad f_0 = \frac{1}{ld}\sqrt{\frac{F_0}{\pi \varrho}}$$

ergibt sich

$$\frac{F}{F_0} = \left(\frac{f}{f_0}\right)^2 - 1 \ .$$

Mit dem Differenzprinzip (siehe 2.1.2) lässt sich die Linearität wesentlich verbessern. Bei der *Schwingsaiten-Waage* (Bild 3-20b) sind zwei Schwingsaiten durch je eine Schraubenfeder vorgespannt. Durch die Gewichtskraft F_G wird die Spannkraft und damit die Frequenz der ersten Schwingsaite erhöht und die der zweiten Schwingsaite erniedrigt. Aus der Frequenzdifferenz $f_1 - f_2$ lässt sich F_G bestimmen.

3.3.8 Waage mit elektrodynamischer Kraftkompensation

Bei elektrischen Präzisionswaagen wird nach Bild 3-21 die zu messende Gewichtskraft F_G durch eine Gegenkraft F_K kompensiert, die von einem

Tauchspulsystem erzeugt wird, das vom Strom I durchflossen wird.

Der Tauchspulstrom I ist der Kompensationskraft F_K und für die Verstärkung $v \to \infty$ der Gewichtskraft F_G proportional. Es handelt sich hierbei um eine Kreisstruktur, die die Wirkungsrichtung des Tauchspulsystems umkehrt. Ein mit der Waagschale verbundener Wegaufnehmer liefert über einen Verstärker den Tauchspulstrom I, der so nachgeregelt wird, dass das Kräftegleichgewicht $F_G = F_K$ für eine bestimmte Position der Waagschale erreicht wird. Lediglich der Temperatureinfluss muss noch gesondert korrigiert werden.

Die Kompensationskraft F_K des Tauchspulsystems ist

$$F_K = \pi DBNI$$

(πD mittlerer Wicklungsumfang, B magnetische Induktion, N Windungszahl, I Stromstärke. $NI = \Theta$ heißt auch Durchflutung oder „Amperewindungszahl").

In ähnlicher Weise wird bei *Messumformern für Niederdruck* der zu messende Druck oder Differenzdruck über eine richtkraftlose Membran in eine Kraft umgeformt, die dann über einen Hebel, an dem auch die Tauchspule angreift, kompensiert wird.

3.3.9 Piezoelektrische Kraft- und Druckaufnehmer

Belastet man ein Piezoelektrikum wie Quarz (SiO_2) oder Bariumtitanat ($BaTiO_3$) in bestimmten Richtungen mechanisch, so treten an deren Oberfläche elektrische Polarisationsladungen auf.

Synthetisch erzeugter Quarz kristallisiert in sechseckigen Prismen (Bild 3-22a).

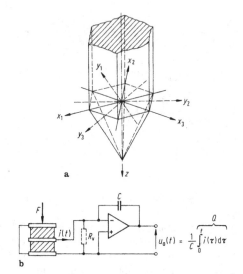

Bild 3-22. Piezoelektrische Kraft- und Druckaufnehmer. **a** Achsen und Struktur eines Quarzkristalls (Grave), **b** Ladungsverstärker für statische Messungen

Wirkt eine Kraft F in Richtung einer der x_i-Achsen, so entsteht auf den senkrecht dazu stehenden Flächen eine Ladung

$$Q = k_\mathrm{p} F \; .$$

Die *piezoelektrische Konstante* (der sog. Piezomodul) k_p beträgt bei

Quarz $\quad k_\mathrm{p} = 2{,}3 \; \mathrm{pC/N}$,
Bariumtitanat $\quad k_\mathrm{p} = 250 \; \mathrm{pC/N}$.

Die Empfindlichkeit ist also bei Bariumtitanat etwa 100-mal so groß wie bei Quarz. Nachteilig ist beim Bariumtitanat der gleichzeitig vorhandene pyroelektrische Effekt, bei dem durch Wärmeeinwirkung Ladungen erzeugt werden.

Piezokeramische Aufnehmer sind im Besonderen für Körperschallmessungen, Schwingungs- und Beschleunigungsmessungen geeignet.

Die Eigenkapazität von Quarzaufnehmern liegt bei etwa 200 pF. Dies bedeutet, dass bei einem Isolationswiderstand von $10^{12} \; \Omega$ mit einer Zeitkonstanten von 200 s bzw. mit einer Spannungsverringerung von 0,5%/s zu rechnen ist. Für statische Messungen werden deshalb *Ladungsverstärker* nach Bild 3-22b eingesetzt. Die entstehenden Ladungen werden

dabei sofort über den niederohmigen Eingang des Stromintegrierers auf die vergleichsweise verlustfreie Integrationskapazität abgesaugt, sodass Verluste des Piezoaufnehmers und des Eingangskabels keine Schwächung des Signals mehr bewirken können.

Piezoelektrische Aufnehmer sind zur Messung schnell veränderlicher Drücke, wie sie z. B. in Verbrennungsmotoren auftreten, sehr gut geeignet. Mit ihrer Hilfe kann das sog. Indikatordiagramm (p, V-Diagramm) im Betrieb aufgenommen werden.

3.4 Sensoren für strömungstechnische Kenngrößen

Sensoren zur Messung von Durchflüssen sind z. B. bei Verbrennungsvorgängen erforderlich, wenn der Durchfluss von Flüssigkeiten oder Gasen gesteuert oder geregelt werden muss. Ferner sind Aufnehmer für Durchflüsse z. B. für Abrechnungszwecke und zur Überwachung von Anlagen erforderlich.

3.4.1 Durchflussmessung nach dem Wirkdruckverfahren

Schnürt man den Querschnitt einer Rohrleitung durch eine Drosseleinrichtung nach Bild 3-23 ein, so lässt sich aus der Druckerniedrigung (dem sog. Wirkdruck oder dynamischen Druck) der Durchfluss berechnen (vgl. E 8.1.3).

Bei horizontaler Rohrleitung, bei inkompressiblem Messmedium (Flüssigkeit) und unter Vernachlässigung von Reibungskräften besagt das Gesetz von Bernoulli, dass für eine betrachtete Massenportion m die Summe aus statischer Druckenergie pV und kinetischer Energie $\frac{1}{2}mv^2$ konstant ist (vgl. B 10.1). Nach Division durch das Volumen V und mit der Dichte $\varrho = m/V$ führt die Gleichheit der Energiedich-

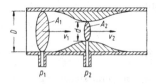

Bild 3-23. Durchflussmessung nach dem Wirkdruckverfahren

ten vor (Index 1) und an (Index 2) der Drosselstelle auf

$$p_1 + \frac{1}{2}\varrho v_1^2 = p_2 + \frac{1}{2}\varrho v_2^2 \,.$$

(p_1, p_2 statischer Druck, v_1, v_2 Geschwindigkeit vor bzw. an der Drosselstelle.) Aus einer Erhöhung der Geschwindigkeit, $\Delta v = v_2 - v_1$, folgt also eine Abnahme des Drucks an der Drosselstelle, der sog. Wirkdruck

$$\Delta p = p_1 - p_2 = \frac{\varrho}{2}\left(v_2^2 - v_1^2\right)$$
$$= \frac{\varrho}{2}v_1^2\left[\left(\frac{v_2}{v_1}\right)^2 - 1\right] \,.$$

Außerdem gilt das Kontinuitätsgesetz für den Volumendurchfluss

$$Q = A_1 v_1 = A_2 v_2 \,.$$

Dabei bedeuten A_1 und A_2 die Strömungsquerschnitte vor bzw. an der Drosselstelle. Führt man das aus der Kontinuitätsgleichung errechnete Öffnungsverhältnis $m = A_2/A_1 = v_1/v_2$ in die Bernoulli'sche Gleichung ein, so ergibt sich die Durchflussgleichung

$$Q = A_1 v_1 = m A_1 \sqrt{\frac{2\Delta p}{\varrho} \cdot \frac{1}{1 - m^2}} \,.$$

Der Durchfluss ist also proportional der Wurzel aus dem Differenzdruck Δp. Deshalb werden Radiziereinrichtungen zur Durchflussberechnung eingesetzt. Bei einer Strömungsgeschwindigkeit $v_1 = 1$ m/s, einem Öffnungsverhältnis $m = 0,5$ des Drosselgerätes und einer Dichte $\varrho = 1$ kg/dm^3 des Messmediums berechnet sich ein theoretischer Differenzdruck von

$$\Delta p = \frac{\varrho}{2}v_1^2\left(\frac{1}{m^2} - 1\right) = 1500\,\text{Pa} = 15\,\text{mbar} \,.$$

In DIN 1952 sind Blende, Düse und Venturidüse als Bauarten von Drosselgeräten genormt.

3.4.2 Schwebekörper-Durchflussmessung

Bei der Durchflussmessung mit Schwebekörper wird nach Bild 3-24 auf einen Schwebekörper in einem

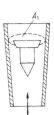

Bild 3-24. Schwebekörper-Durchflussmessung

vertikalen, konischen Rohr von unten eine Kraft F von der Strömung ausgeübt:

$$F = \frac{\varrho}{2} \cdot \frac{A_2}{(A_1 - A_2)^2} Q^2 \,.$$

A_1 ist der Querschnitt des konischen Rohres in der Höhe des größten Querschnittes des Schwebekörpers, A_2 ist die Querschnittsfläche des Schwebekörpers. Der durch die Strömung erzeugten Kraft F wirkt die Differenz aus Gewichtskraft F_G und Auftriebskraft F_A auf den Schwebekörper (Dichte ϱ_S, Volumen V_S) entgegen. Diese nach unten gerichtete Kraft beträgt

$$F_G - F_A = (\varrho_S - \varrho)V_S g \,.$$

Der Schwebekörper stellt sich auf eine Höhe h bzw. einen Querschnitt ein, wo die wirksamen Kräfte im Gleichgewicht sind:

$$\frac{\varrho}{2} \cdot \frac{A_2}{(A_1 - A_2)^2} Q^2 = g(\varrho_S - \varrho)V_S \,.$$

Daraus ergibt sich der Volumendurchfluss

$$Q = \frac{A_1 - A_2}{\sqrt{A_2}} \sqrt{\frac{2}{\varrho} g(\varrho_S - \varrho)V_S} \,.$$

3.4.3 Durchflussmessung über magnetische Induktion

Nach dem Induktionsgesetz lässt sich die Geschwindigkeit v eines senkrecht zur Richtung eines magnetischen Feldes mit der Induktion B bewegten Leiters der Länge D über die an den Enden dieses Leiters induzierte Spannung U bestimmen. Das darauf basierende Durchflussmessverfahren über die magnetische Induktion ist im Prinzip in Bild 3-25 dargestellt.

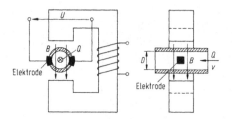

Bild 3-25. Durchflussmessung über magnetische Induktion

Die strömende Flüssigkeit wird hierbei als Leiter angesehen, d. h., sie muss eine Mindestleitfähigkeit von etwa 0,1 mS/m besitzen. Die meisten technischen Flüssigkeiten erfüllen diese Anforderung, z. B. Leitungswasser mit etwa 50 bis 80 mS/m. Destilliertes Wasser liegt mit 0,1 mS/m an der Grenze, Kohlenwasserstoffe sind ungeeignet.

Das erforderliche Magnetfeld muss das Rohrstück senkrecht zur Strömungsrichtung durchsetzen. Senkrecht zur Richtung der magnetischen Induktion B und senkrecht zur Strömungsrichtung wird eine Spannung induziert. Sie kann durch zwei Elektroden, die in dem isolierten Rohr angebracht sind, abgegriffen werden. Die induzierte Spannung ergibt sich aus dem Induktionsgesetz zu

$$U = \frac{\mathrm{d}\Phi}{\mathrm{d}t} = B\frac{\mathrm{d}A}{\mathrm{d}t} = B\frac{D\mathrm{d}s}{\mathrm{d}t} = BDv$$

(Φ magnetischer Fluss, B magnetische Induktion, A Fläche, D Rohrinnendurchmesser, s Weglänge, v Geschwindigkeit).

Der wesentliche Vorteil gegenüber dem Wirkdruckverfahren liegt in dem linearen Zusammenhang und in der Tatsache, dass kein Druckverlust durch Drosselgeräte oder Strömungskörper auftritt. Der Volumendurchfluss Q als Produkt von Rohrquerschnitt $\frac{\pi}{4}D^2$ und Geschwindigkeit v beträgt dann

$$Q = \frac{\pi}{4}D^2 v = \frac{\pi}{4} \cdot \frac{D}{B}U \ .$$

Im Allgemeinen ist die induzierte Spannung U gering. Sie beträgt z. B. bei $B = 0,1$ T, $D = 0,1$ m und $v = 0,1$ m/s nur 1 mV.

Der Innenwiderstand des Aufnehmers bezüglich der beiden Elektroden hängt von der Leitfähigkeit der strömenden Flüssigkeit und von der Geometrie der

Anordnung ab. Üblicherweise ergibt sich ein Innenwiderstand im MΩ-Bereich; deshalb muss der Eingangswiderstand des nachfolgenden Messverstärkers besonders hochohmig sein (vgl. 4.4.4).

3.4.4 Ultraschall-Durchflussmessung

Bei der Ultraschall-Durchflussmessung wird nach Bild 3-26 an einem Piezokristall ein kurzer Schallimpuls erzeugt, der stromabwärts mit der Geschwindigkeit $c_1 = c + v\cos\varphi$ und stromaufwärts mit $c_2 = c - v\cos\varphi$ unter dem Winkel φ zur Strömungsrichtung der Messflüssigkeit auf den Empfängerkristall zuläuft. Dabei ist c die Schallgeschwindigkeit und v die durchschnittliche Strömungsgeschwindigkeit der Flüssigkeit. Die beiden Laufzeiten t_1 und t_2 auf den beiden Strecken der Länge L betragen

$$t_1 = \frac{L}{c_1} = \frac{L}{c + v\cos\varphi} \ ,$$

$$t_2 = \frac{L}{c_2} = \frac{L}{c - v\cos\varphi} \ .$$

Wird der am Empfängerkristall empfangene Impuls ohne Verzögerung, aber mit verstärkter Amplitude wieder auf den Sender gegeben (Singaround-Verfahren), so ergeben sich die Impulsfolgefrequenzen f_1 und f_2 zu

$$f_1 = \frac{1}{t_1} = \frac{c + v\cos\varphi}{L} \ ;$$

$$f_2 = \frac{1}{t_2} = \frac{c - v\cos\varphi}{L} \ ;$$

Da die Strömungsgeschwindigkeit v klein ist gegen die Schallgeschwindigkeit c (im Wasser z. B. 1450 m/s), können schon kleine temperaturbedingte Änderungen der Schallgeschwindigkeit (in Wasser z. B. 3,5 (m/s)/K) das Messergebnis stark

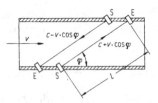

Bild 3-26. Prinzip der Ultraschall-Durchflussmessung

verfälschen. Deshalb wird die Differenz der beiden Impulsfolgefrequenzen,

$$f_1 - f_2 = \frac{2}{L} v \cos\varphi \,,$$

ausgewertet, die – unabhängig von der momentanen Schallgeschwindigkeit – der Strömungsgeschwindigkeit v und damit auch dem Volumendurchfluss $Q = Av$ proportional ist (A Rohrquerschnitt). Zur Bestimmung des Massendurchflusses aus dem Volumendurchfluss Q oder der Strömungsgeschwindigkeit v muss die Dichte ϱ der Messflüssigkeit bekannt sein, die sich bei bekanntem Kompressionsmodul K aus der Schallgeschwindigkeit c zu $\varrho = K/c^2$ ergibt. Die Schallgeschwindigkeit c wiederum erhält man beim Ultraschallverfahren aus der Summe der beiden Impulsfolgefrequenzen:

$$f_1 + f_2 = \frac{2}{L} c \,.$$

Der Massendurchfluss ist damit

$$q = \varrho Q = \frac{K}{c^2} Av = \frac{2KA}{L\cos\varphi} \cdot \frac{f_1 - f_2}{(f_1 + f_2)^2} \,.$$

3.4.5 Turbinen-Durchflussmesser (mittelbare Volumenzähler mit Messflügeln)

Bei den mittelbaren Volumenzählern mit Messflügeln (Turbinen-Durchflusszählern) versetzt die Strömung im Messrohr ein drehbar gelagertes Turbinenrad in Rotation. Die Drehzahl ist unter bestimmten Bedingungen proportional zur Strömungsgeschwindigkeit. Bei den als Hauswasserzähler verwendeten *Flügelradzählern* (Bild 3-27) wird mit einem Flügelrad die Geschwindigkeit erfasst.
Das Wasser tritt durch die Öffnung im Boden des Grundbechers ein, treibt das Flügelrad an und tritt oben wieder aus.

Bild 3-27. Turbinen-Durchflussmessung (Flügelradzähler, Siemens)

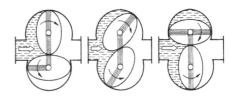

Bild 3-28. Verdrängungszähler (Ovalradzähler, Orlicek)

3.4.6 Verdrängungszähler (unmittelbare Volumenzähler)

Verdrängungszähler haben bewegliche, meist rotierende Messkammerwände, die vom Messgut angetrieben werden.
Beim *Ovalradzähler* (Bild 3-28) rollen in einer Messkammer zwei drehbar gelagerte Ovalräder mit Evolventenverzahnung aufeinander ab. In der links gezeichneten Stellung wird vom Druck der eintretenden Messflüssigkeit auf das untere Ovalrad ein linksdrehendes Drehmoment ausgeübt. Das obere rechtsdrehende Ovalrad schließt ein Teilvolumen zur Messkammerwand hin ab und transportiert diesen Teil der Messflüssigkeit auf die Ausgangsseite. Bei einer Umdrehung der Ovalräder werden so vier Teilvolumina transportiert, die dem Messkammerinhalt V_M entsprechen.

3.5 Sensoren zur Temperaturmessung

3.5.1 Platin-Widerstandsthermometer

Nach DIN EN 60751 wird die Temperaturabhängigkeit des Widerstandes eines Platin-Widerstandsthermometers im Bereich $0\,°C \leqq \vartheta \leqq 850\,°C$ durch

$$R = R_0(1 + A\vartheta + B\vartheta^2)$$

beschrieben (Bild 3-29a; ϑ Celsiustemperatur, R_0 Widerstand bei $0\,°C$).
Die Koeffizienten betragen

$$A = 3{,}9083 \cdot 10^{-3}/K, B = -0{,}5775 \cdot 10^{-6}/K^2 \,.$$

Ersetzt man A und B durch den mittleren Temperaturkoeffizienten α im Bereich von 0 bis 100 °C, so ergibt sich

$$\alpha = A + 100\,K \cdot B = 3{,}85 \cdot 10^{-3}/K \,.$$

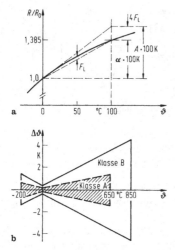

Bild 3-29. Platin-Widerstandsthermometer. **a** Temperatur-abhängigkeit des elektrischen Widerstandes, **b** Toleranz-grenzen der Klassen A und B

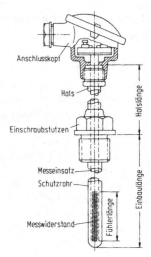

Bild 3-30. Platin-Widerstandsthermometer im Schutzrohr (Siemens)

Der maximale Linearitätsfehler F_L im Bereich $0 \leq \vartheta \leq 100\,°C$ ergibt sich bei $\vartheta = 50\,°C$ zu

$$F_L = 1{,}44 \cdot 10^{-3} \, .$$

Bei Bezug auf die Ausgangsspanne $(100\,K) \cdot \alpha$ ergibt sich ein relativer Fehler

$$F_L/(100\,K \cdot \alpha) = 3{,}75\% \, .$$

Die Toleranzgrenzen der genormten Toleranzklassen A und B sind in Bild 3-29b dargestellt und betragen für Platin-Widerstandsthermometer

$$|\Delta\vartheta| = 0{,}15\,K + 0{,}002\,\vartheta \quad \text{(Klasse A bis } 650\,°C) \, ,$$
$$|\Delta\vartheta| = 0{,}3\,K + 0{,}005\,\vartheta \quad \text{(Klasse B bis } 850\,°C) \, .$$

Für technische Messungen baut man den Messwiderstand in einen Messeinsatz und diesen wiederum in eine Schutzarmatur ein (Bild 3-30).

3.5.2 Andere Widerstandsthermometer

Nickel besitzt im Vergleich zu Platin eine höhere Temperaturempfindlichkeit des elektrischen Widerstandes. Der mittlere Temperaturkoeffizient im Bereich zwischen 0 und 100 °C beträgt

$\alpha = 6{,}18 \cdot 10^{-3}/K$. Messwiderstände Ni 100 können im Temperaturbereich von $-60\,°C$ bis $+250\,°C$ eingesetzt werden.

Von den reinen Metallen eignet sich Kupfer nur in dem eingeschränkten Temperaturbereich von $-50\,°C$ bis $+150\,°C$ (max. $+250\,°C$) als Material für Widerstandsthermometer.

Heißleiter

Für Heißleiter werden sinterfähige Metalloxide, im Besonderen oxidische Mischkristalle, verwendet. Die Abhängigkeit des elektrischen Widerstandes R eines Heißleiters von der Temperatur ϑ ist im Vergleich zu „Kaltleitern" in Bild 3-31 dargestellt.

Wegen ihres negativen Temperaturkoeffizienten werden Heißleiter häufig auch als NTC-Widerstände (negative temperature coefficient) bezeichnet. Im Umgebungstemperaturbereich ergeben sich Temperaturkoeffizienten von etwa -3 bis $-6\%/K$. Heißleiter werden bis zu $+250\,°C$, in Sonderfällen bis zu $+400\,°C$ und darüber, eingesetzt. Messschaltungen für Heißleiter: siehe 4.1.3.

Silizium-Widerstandsthermometer

Reines monokristallines Silizium ist als Widerstandsmaterial für Temperatursensoren im Bereich

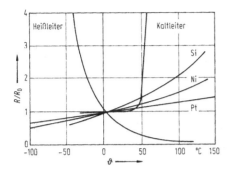

Bild 3-31. Kennlinien von Widerstandsthermometern

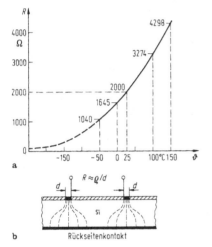

Bild 3-32. Silizium-Temperatursensor. a Kennlinie. b Aufbau

von −50 °C bis +150 °C gut geeignet. Mit steigender Temperatur nimmt die Leitfähigkeit ab, da die Beweglichkeit der Ladungsträger geringer wird. Silizium-Temperatursensoren haben einen positiven Temperaturkoeffizienten mit näherungsweise parabelförmiger Temperaturabhängigkeit (Bild 3-32a). Es gilt

$$R = R_0 + k(\vartheta - \vartheta_0)^2 .$$

Ein typischer Temperatursensor hat bei 25 °C einen Widerstand von 2000 Ω. Im Bereich zwischen 0 und 100 °C beträgt der mittlere Temperaturkoeffizient

$$\alpha = \frac{R(100\,°C) - R(0\,°C)}{100\,K \cdot R(0\,°C)} \approx 1\%/K .$$

Er ist etwa doppelt so groß wie der von Metallen. Eine Linearisierung der Sensorkennlinie ist entweder in einer Spannungsteilerschaltung oder durch Parallelschalten eines konstanten Widerstandes R_p möglich.

Silizium-Temperatursensoren werden gewöhnlich als Ausbreitungswiderstände realisiert. Der Widerstand zwischen einer kreisförmigen Kontaktierung mit dem Durchmesser d und dem flächigen Rückseitenkontakt einer Siliziumscheibe mit dem spezifischen Widerstand ϱ beträgt $R = \frac{1}{2}\varrho/d$ und ist unabhängig von der Dicke und dem Durchmesser der Scheibe, solange diese beiden Größen groß gegen den Kontaktdurchmesser d sind. Praktisch ausgeführt wird ein symmetrischer Aufbau (Bild 3-32b), bei dem sich mit $\varrho = 0{,}06\ \Omega \cdot m$ bei 25 °C und $d = 25\ \mu m$ der Widerstand $\varrho/d \approx R \approx 2\ k\Omega$ ergibt.

3.5.3 Thermoelemente als Temperaturaufnehmer

Verbindet man nach Bild 3-33a zwei Metalle A und B an ihren Enden durch Löten oder Schweißen, so erhält man ein Thermoelement (Thermopaar).

Bringt man die Verbindungsstellen auf Messtemperatur ϑ bzw. Vergleichstemperatur ϑ_v, so entsteht zwischen den Drähten eine Thermospannung U_{th}, die in erster Näherung der Temperaturdifferenz $(\vartheta - \vartheta_v)$ zwischen Messstelle und Vergleichsstelle proportional ist:

$$U_{th} = k_{th}(\vartheta - \vartheta_v) .$$

Die Thermoempfindlichkeit k_{th} hängt im Wesentlichen von den verwendeten Metallen ab. Bei metallischen Thermopaaren liegen die Thermoempfindlichkeiten etwa bei

$$k_{th} = \frac{k}{e} \ln \frac{n_B}{n_A} = 86\ \mu V/K \cdot \ln \frac{n_B}{n_A} .$$

(k Boltzmann-Konstante, e Elementarladung, n_A, n_B Elektronenkonzentration in den beiden Metallen).

Die Thermoempfindlichkeit k_{AB} eines Metalls A gegen ein Metall B ergibt sich auch aus den Thermoempfindlichkeiten k_{ACu} und k_{BCu} von A bzw. B gegen Kupfer zu

$$k_{AB} = k_{ACu} - K_{BCu} .$$

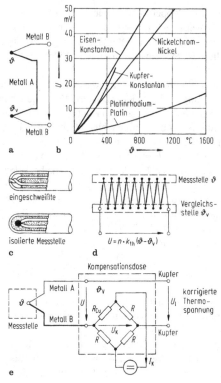

Bild 3-33. Thermoelemente. **a** Verbindungsstellen eines Thermopaars, **b** Kennlinien verschiedener Thermopaare, **c** Mantel-Thermoelemente, **d** Prinzip der Thermoketten, **e** Kompensationsdose zur Korrektur der Vergleichsstellentemperatur

Für ein Eisen-Konstantan-Thermoelement z. B. beträgt die Thermoempfindlichkeit bei $\vartheta = 100\,°C$ und $\vartheta_v = 0\,°C$

$$k_{FeKon} = [+1,05 - (-4,1\,mV)]/(100\,K)$$

$$\approx 5,15\,\frac{mV}{100\,K}\,.$$

Die obere Messgrenze liegt bei Kupfer-Konstantan bei etwa 500 °C, bei Eisen-Konstantan bei etwa 700 °C, bei Nickelchrom-Nickel bei etwa 1000 °C und bei Platinrhodium-Platin bei etwa 1300 °C (mit Einschränkungen bei 1600 °C). Die Kennlinien dieser Thermopaare sind in Bild 3-33b eingetragen.
Für industrielle Anwendungen werden die Thermopaardrähte z. B. mit Keramikröhrchen isoliert und

in eine Schutzarmatur eingebaut. Kürzere Einstellzeiten erhält man mit *Mantelthermoelementen* nach Bild 3-33c, bei denen die Thermopaare zur Isolation in Al$_2$O$_3$ eingebettet und mit einem Edelstahlmantel umhüllt sind. Außendurchmesser von weniger als 3 mm sind dabei realisierbar.
Zur Messung kleiner Temperaturdifferenzen können Thermoketten nach Bild 3-33d verwendet werden, bei denen z. B. mit $n = 10$ Mess- und Vergleichsstellen der Messeffekt entsprechend vergrößert ist.
Bei Thermoelementmessungen handelt es sich im Prinzip um Differenztemperaturmessungen zwischen Messstelle und Vergleichsstelle. Soll die absolute Temperatur einer Messstelle bestimmt werden, dann muss entweder mit einem Vergleichsstellenthermostaten die Temperatur der Vergleichsstelle z. B. auf $\vartheta_v = 50\,°C$ konstant gehalten werden, oder man verwendet eine sog. Kompensationsdose nach Bild 3-33e, die den Einfluss einer veränderlichen Vergleichsstellentemperatur korrigiert. Die Kompensationsdose enthält im Wesentlichen eine Brückenschaltung im Ausschlagverfahren mit einem temperaturabhängigen Kupferwiderstand als Widerstandsthermometer. Abhängig von der Vergleichsstellentemperatur liefert die Brückenschaltung eine Kompensationsspannung U_K, die zur Thermospannung addiert wird und dadurch die Temperaturänderung der Vergleichsstelle kompensiert.

3.5.4 Strahlungsthermometer (Pyrometer)

Physikalische Grundlagen
Strahlungsthermometer arbeiten im Gegensatz zu Widerstandsthermometern und Thermoelementen berührungslos und sind besonders zur Messung höherer Temperaturen (etwa 300 °C bis 3000 °C) geeignet.
Die physikalische Grundlage für die Strahlungsthermometer bildet das *Planck'sche Strahlungsgesetz*. Danach beträgt die von der Fläche A des schwarzen Körpers bei der Temperatur T in den Halbraum (Raumwinkel 2π) ausgesandte spektrale spezifische Ausstrahlung $M_\lambda(\lambda)$ im Wellenlängenbereich zwischen λ und $\lambda + d\lambda$

$$M_\lambda(\lambda) = \frac{dM(\lambda)}{d\lambda} = \frac{c_1}{\lambda^5\left[\exp\left(\frac{c_2}{\lambda T}\right) - 1\right]}\,.$$

Die Größen c_1 und c_2 sind dabei Konstanten.

Die spektrale spezifische Ausstrahlung $M_\lambda(\lambda)$ des schwarzen Körpers ist in Bild 3-34a als Funktion der Wellenlänge λ mit der Temperatur T als Parameter dargestellt.

Die spektrale spezifische Ausstrahlung besitzt abhängig von der Temperatur T ein ausgeprägtes Maximum bei einer bestimmten Wellenlänge λ_{max}. Nach dem *Wien'schen Verschiebungsgesetz* verschiebt sich dieses Maximum mit wachsender Temperatur T nach kleineren Wellenlängen. Das Maximum der spektralen spezifischen Ausstrahlung liegt bei

$$\lambda_{max} = \frac{a}{T}$$

und hat den Wert

$$\left(\frac{M_\lambda(\lambda)}{A}\right)_{max} = bT^5 \ .$$

Die Größen a und b sind ebenfalls Konstanten.

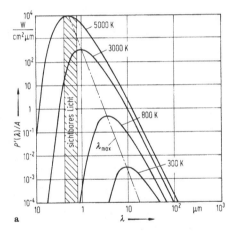

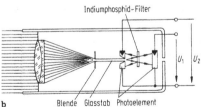

Bild 3-34. Strahlungsthermometer. a Spektrale Strahlungsleistung nach dem Planck'schen Strahlungsgesetz (Mester), b Farbpyrometer (Siemens)

Durch Integration über alle Wellenlängen ergibt sich das *Stefan-Boltzmann'sche Gesetz* für die gesamtspezifische Ausstrahlung M des schwarzen Körpers bei der Temperatur T

$$M = \int_0^\infty M_\lambda(\lambda)\mathrm{d}\lambda = c_1 \int_0^\infty \frac{\mathrm{d}\lambda}{\lambda^5[\exp(c_2/\lambda T) - 1]} = \sigma T^4 \ ,$$

σ ist die Stefan-Boltzmann-Konstante:

$$\sigma = 5,67 \cdot 10^{-8}\,\mathrm{W/m^2 \cdot K^4} \ .$$

Emissionsgrad technischer Flächen

Technische Flächen können i. Allg. nicht als schwarze Körper angesehen werden. Ihre spektrale (spezifische) Ausstrahlung ist um den spektralen Emissionsgrad $\varepsilon(\lambda)$ kleiner als die aus dem Planck'schen Strahlungsgesetz sich ergebende spektrale spezifische Ausstrahlung des schwarzen Körpers, der die gesamte auffallende Strahlung absorbiert. Der spektrale Emissionsgrad $\varepsilon(\lambda)$ eines nichtschwarzen Körpers ist i. Allg. von der Wellenlänge λ abhängig. Als Integralwert verwendet man den Gesamtemissionsgrad ε_{tot}, der nur von der Temperatur abhängt.

Für 20 °C erhält man folgende Gesamtemissionsgrade ε_{tot}.

Metalle, blank poliert	3%
Aluminiumblech, roh	7%
Nickel, matt	11%
Messing, matt	22%
Stahl, blank	24%
Stahlblech, Walzhaut	77%
Stahl, stark verrostet	85%

Mit Ausnahme der Metalle verhalten sich bei niedrigen Temperaturen alle Stoffe angenähert wie der schwarze Körper. Wasser hat z. B. bei 20 °C einen Gesamtemissionsgrad von 96%.

Für den Sonderfall, dass der spektrale Emissionsgrad unabhängig von der Wellenlänge ist, spricht man von einem grauen Strahler. Die spezifische Ausstrahlung von grauen Strahlen unterscheidet sich von der des schwarzen Körpers gleicher Temperatur nur durch einen konstanten Faktor ε.

Aufbau und Eigenschaften von Pyrometern

Praktisch ausgeführte Strahlungsthermometer (Pyrometer) unterscheiden sich in ihrem Aufbau im Wesentlichen durch die verwendete Optik zum Sammeln der Strahlung und durch die verwendeten Strahlungsempfänger.

Mit einem Hohlspiegelpyrometer mit metallischer Oberfläche kann nahezu verlustlos und unabhängig von der Wellenlänge die Strahlung des Messobjekts auf den Strahlungsempfänger übertragen werden.

Zur Messung höherer Temperaturen werden *Linsenpyrometer* bevorzugt. Linsen aus Glas, Quarz oder Lithiumfluorid besitzen jedoch eine obere Absorptionsgrenze bei 2,5 µm für Glas, bei 4 µm für Quarz und bei 10 µm für Lithiumfluorid.

Linsenpyrometer mit Silizium-Fotoelement als Strahlungsempfänger besitzen einen beschränkten Wellenlängenbereich von 0,55 bis 1,15 µm. Wegen der kurzen Einstellzeiten von etwa 1 ms sind diese Pyrometer besonders zum Messen von Walzguttemperaturen geeignet.

Beim *Farbpyrometer* nach Bild 3-34b wird das Verhältnis zweier spektraler Strahlungsleistungen, z. B. bei den beiden Wellenlängen 0,888 und 1,034 µm (oder bei zwei Spektralbereichen) bestimmt. Die beiden Wellenlängen(-bereiche) werden z. B. mit einem Indiumphosphid-Filter erzeugt, das Strahlen mit Wellenlängen bis 1 µm reflektiert und über 1 µm durchlässt. Die Strahlung dieser beiden Wellenlängen(-bereiche) trifft auf je ein Silizium-Fotoelement.

Bei diesem Farbpyrometer wird das Verhältnis der beiden Ausgangssignale U_1 und U_2 gebildet und deshalb die Temperaturmessung unabhängig vom Emissionsgrad ε des Messobjekts, solange dieser für beide Wellenlängen gleich groß ist.

3.6 Mikrosensorik

Unter Mikrosensoren versteht man Sensoren, bei denen mindestens eine Abmessung im Submillimeterbereich liegt. Diese Kleinheit ermöglicht eine hohe Funktionsdichte und Messungen mit hoher Orts- oder Zeitauflösung. Entsprechende Herstellungstechnologien führen zudem in der Massenfertigung zu niedrigen Preisen und reproduzierbaren Eigenschaften. Und schließlich lassen

sich die Mikrosensoren zusammen mit der Mikroelektronik auf ein gemeinsames Substrat integrieren, um „intelligente" Sensoren zu realisieren. Aufgrund all dieser Vorteile wurden Mikrosensoren in den letzten zehn Jahren rasant weiterentwickelt. Einige kommerzielle Anwendungen konnten nur durch den Einsatz der Mikrosensorik realisiert werden, etwa der Auto-Airbag (Beschleunigungssensor).

3.6.1 Herstellungstechnologien

Die Herstellung von Mikrosensoren beruht in weiten Teilen auf Techniken, die von der Mikroelektronik her bekannt sind. Wichtige Prozessschritte sind:

- die Bereitstellung geeigneter Substrate (Keramiken, Halbleiter, Piezoelektrika);
- die Abscheidung von Schichten;
- die Strukturübertragung von computergestützten Entwurfsdateien auf den Wafer (Lithografie);
- die Entfernung von Schichten (Nassätzen in Ätzlösungen, Trockenätzen durch Beschuss mit physikalisch oder chemisch ätzenden Teilchen);
- die Modifikation von Schichten (Oxidation, Dotieren).

Bei der *Dickschichttechnik* wird eine Paste durch ein Sieb auf das Substrat (häufig Aluminiumdioxid, Al_2O_3) gedrückt, getrocknet und eingebrannt. Die damit herstellbaren Strukturen sind typisch 10 µm dick und 100 µm breit. Sensorische Funktionen verwirklicht man etwa mit Pasten aus Pt oder Ni (Widerstandsthermometer), aus Au/PtAu (Thermoelement), aus MnO oder RuO_2 (Heißleiter), aus $Bi_2Ru_2O_7$ (piezoresistiver Drucksensor) oder aus SnO_2 (Gassensoren).

Bei der *Dünnschichttechnik* werden Schichten von in der Regel kleinerer Dicke als 1 µm auf das Substrat aufgebracht und strukturiert. Das weitaus am häufigsten benutzte Substrat ist einkristallines Silizium (Si), dem an Wichtigkeit Glas und Quarz (einkristallines Siliziumdioxid, SiO_2) nachfolgen. Silizium selber zeigt zahlreiche Sensoreffekte; so ändert etwa eine Materialprobe aus Silizium ihren elektrischen Widerstand

- mit der Temperatur (Thermowiderstandseffekt),
- bei mechanischer Verzerrung (Piezowiderstandseffekt),

– bei Lichteinstrahlung (innerer lichtelektrischer Effekt) oder
– in einem Magnetfeld (Hall-Effekt).

Alternativ werden häufig Dünnschichten mit sensorischen Eigenschaften auf dem Substrat abgeschieden, etwa Pt oder Ni (Widerstandsthermometer), Cadmiumsulfid (Fotowiderstand), Zinkoxid oder andere Piezoelektrika (mechanische Sensoren), Metalloxide wie SnO_2 (Gassensoren) und Ferromagnetika (Magnetfeldsensoren). Das Schichtwachstum geht entweder auf physikalische Effekte wie Kondensation oder auf chemische Reaktionen zurück und wird in der Regel im Vakuum durchgeführt (physikalische bzw. chemische Dampfabscheidung [PVD, physical vapor deposition, bzw. CVD, chemical vapor deposition]).

Sensoren für mechanische Größen wie Druck, Kraft oder Beschleunigung erfordern bewegliche Elemente. Mikromembranen, -biegebalken und ähnliche Elemente lassen sich entweder durch sukzessive Abscheidung und Entfernung von Dünnschichten realisieren (*Oberflächenmikromechanik*) oder durch Hineinätzen in das Volumen eines Siliziumsubstrates (*Volumenmikromechanik*).

3.6.2 Mikrosensoren für mechanische Größen

Nahezu ein Viertel des Weltmarktes für Si-Mikrosysteme entfiel im Jahre 2005 auf Drucksensoren, ein weiteres Sechstel auf Beschleunigungs- und Drehratensensoren (Anwendung in Kraftfahrzeugen und Mobiltelefonen). Große Steigerungsraten werden für kostengünstige Mikroschallaufnehmer vorhergesagt (Anwendung in Mobiltelefonen).

Die meisten Mikrodruckaufnehmer nützen die Tatsache aus, dass der spezifische Widerstand von dotiertem Silizium stark von der mechanischen Verzerrung abhängt (Piezowiderstandseffekt). Daher lässt sich die druckabhängige Auslenkung einer Si-Membran über die Widerstandsänderung eines dotierten Bereiches der Membran detektieren (Prinzip der Kraft-Weg-Wandlung, Bild 3–35).

Beschleunigungs- und Drehratensensoren erfassen die (Winkel-)Beschleunigung a indirekt über die Auslenkung einer seismischen Testmasse m infolge der Newton'schen Trägheitskraft $F = m \cdot a$.

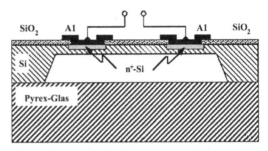

Bild 3–35. Drucksensor nach dem Piezowiderstandsprinzip, realisiert in Volumenmikromechanik

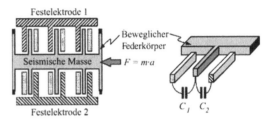

Bild 3–36. Kapazitiver Beschleunigungssensor, realisiert in Oberflächenmikromechanik

Als Messprinzip für die Auslenkung kommt der Piezowiderstandseffekt ebenso in Frage wie optische, magnetische, piezoelektrische, induktive, kapazitive und sogar thermische Prinzipien. Der erste kommerziell erhältliche Mikrobeschleunigungssensor (Analog Devices, 1991) verwendete ein kapazitives Prinzip (Bild 3–36). Die Testmasse liegt im µg-Bereich, und es müssen Kapazitätsänderungen von weniger als 1 fF detektiert werden. Dies ist nur durch eine sensornahe Signalverarbeitung möglich (Integration des Sensors und der Auswerteelektronik auf einem gemeinsamen Si-Substrat).

3.6.3 Mikrosensoren für Temperatur

Alle in 3.5 aufgeführten Prinzipien zur Temperaturmessung lassen sich miniaturisieren. Reine Halbleitersensoren verwenden entweder die Temperaturabhängigkeit der Leitfähigkeit homogener Halbleiterproben (Prinzip des Ausbreitungswiderstands 3.5.2), oder aber die Temperaturabhängigkeit der Kennlinie von PN-Übergängen (*Dioden-, Tran-*

sistorthermometer). So folgt etwa aus der Kennlinie eines PN-Übergangs von G 27.2.5 im Vorwärtsbetrieb ($U > 4kT$):

$$U = \frac{kT}{e} \ln \frac{I}{I_0} .$$

Um die Temperaturabhängigkeit des Sättigungssperrstromes I_0 zu eliminieren, arbeitet man praktisch mit zwei möglichst identischen Dioden (räumliche Nähe auf einem gemeinsamen Si-Substrat!), welche mit verschiedenen Konstantströmen I_1, I_2 betrieben werden. Dann hängt die Differenzspannung linear von der Temperatur ab:

$$\Delta U = U_2 - U_1 = \frac{k}{e} \ln \frac{I_2}{I_1} \cdot T$$

3.6.4 Mikrosensoren für (bio)chemische Größen

Bio- und Chemosensoren wandeln biologische bzw. chemische Größen in elektrische Signale. Meistens interessiert die Konzentration eines Stoffes (des *Analyten*) in einem gasförmigen oder flüssigen Medium. Die wichtigsten in Mikrosensoren verwendeten Prinzipien sind:

– Konduktometrie: Leitfähigkeitsänderung nach Analytabsorption (Bsp.: Zinndioxid-Gassensor);
– Potenziometrie: Änderung der elektromotorischen Kraft einer elektrochemischen Zelle nach Analytabsorption (Bsp.: ionenselektiver Feldeffekttransistor [ISFET] zur pH-Wertmessung);
– Kapazitives Prinzip: Kapazitätsänderung nach Analytabsorption (Bsp.: Feuchtemessung mit hygroskopem Polymer);
– Optische Prinzipien: Dämpfungs- oder Phasenänderungen bei Lichtwellen infolge des Einflusses des Analyten (Bsp.: Infrarotspektrometer);
– Thermometrie: Wärmetönung einer chemischen Reaktion des Analyten (Bsp.: Si-Mikropellistor für brennbare Gase);
– Gravimetrie: Änderung der Resonanzfrequenz eines Piezoschwingers nach Analytadsorption (Bsp.: Quarz-Mikrowaage).

Stellvertretend wird im Weiteren das Prinzip der Gravimetrie erläutert. Dieses Sensorprinzip hat zwar bislang keine kommerzielle Bedeutung erlangt, ist aber im Labor beliebt, weil sich damit auch chemo- oder biosensorische Aufgaben lösen lassen, für die

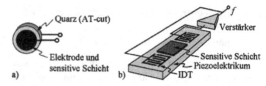

Bild 3-37. Gravimetrische Sensoren. **a** Quarz-Mikrowaage (Schwingfrequenz bis zu einigen 10 MHz), **b** Oszillator aus SAW-Bauelement und Verstärker (Schwingfrequenz bis zu einigen GHz; SAW = *surface acoustic wave*, akustische Oberflächenwelle; IDT = *interdigital transducer*, Interdigitalwandler zur Umsetzung elektrischer Signale in akustische Oberflächenwellen und umgekehrt)

keine fertigen Lösungen auf dem Markt existieren. Dazu werden piezoelektrische Substrate, die mechanisch schwingen oder auf deren Oberfläche sich hochfrequente akustische Wellen ausbreiten, mit einer Schicht bedeckt, die selektiv nur den nachzuweisenden Analyten einlagert (Bild 3-37). Bei Anlagerung von Analytmolekülen verändert sich die Frequenz der mechanischen Resonatoren aufgrund veränderter elastischer oder elektrischer Eigenschaften der sensitiven Schicht.

Im einfachsten Fall spielt nur die zusätzliche Masse Δm der angelagerten Moleküle eine Rolle. Dann gilt für die relative Änderung der Schwingfrequenz f die *Sauerbrey-Gleichung*

$$\frac{\Delta f}{f} = -Kf\Delta m .$$

Die Konstante K hängt dabei vom verwendeten Substrat, dem akustischen Wellentyp und der Wechselwirkung zwischen Analyt und sensitiver Schicht ab. In jedem Fall steigt der Messeffekt $\Delta f / f$ mit der Frequenz, sodass höhere Arbeitsfrequenzen und daher kleinere Bauelemente vorteilhaft sind.

Ansätze, mithilfe von Matrixanordnungen aus mehreren Mikrosensoren Analytgemische zu erfassen, haben noch zu keinen kommerziellen Produkten geführt, werden aber mit Nachdruck weiterverfolgt (*elektronische Nase*).

3.6.5 Mikrosensoren für magnetische Größen

Alle praktisch relevanten Mikrosensoren für Magnetfelder beruhen auf der Wechselwirkung zwischen elektrischen Strömen und Magnetfeldern (Galvanomagnetismus). Neben Hall-Sensoren und Feldplatten (3.2.4) haben in den letzten Jahren vor allem Sensoren eine große Bedeutung erlangt, die Materialeffekte in elektrisch leitfähigen Ferromagnetika ausnutzen. Die Leitfähigkeit solcher Stoffe ist senkrecht zur Magnetisierungsrichtung um einige Prozent größer als parallel dazu. Ein äußeres Magnetfeld, das die Magnetisierung des Ferromagnetikums aus ihrer Ruherichtung ablenkt, macht sich daher in einer Widerstandsänderung bemerkbar (anisotroper Magnetowiderstandseffekt, verwendet im *AMR-Sensor* [*anisotropic magnetoresistance*]).

Der *GMR-Sensor* (*giant magnetoresistance*) basiert auf dem Umstand, dass sich der elektrische Widerstand von Vielschichtsystemen aus abwechselnd ferromagnetischen und unmagnetischen metallischen Dünnschichten abhängig von der relativen Orientierung der Magnetisierung in den ferromagnetischen Schichten um einige 10% ändert. Der Einsatz von GMR-Sensoren im Lesekopf von Computerfestplatten seit 1997 hat eine starke Zunahme der Speicherdichte und damit der Festplattenkapazität ermöglicht.

3.7 Sensorspezifische Messsignalverarbeitung

3.7.1 Analoge Messsignalverarbeitung

Zu den bisher vorherrschenden Verfahren der analogen Messsignalverarbeitung zählen neben den strukturellen Maßnahmen die mechanisch-konstruktiven Verfahren und die analog-elektronische Messsignalverarbeitung.

Von den *mechanisch-konstruktiven Verfahren* sind besonders bekannt geworden:

- das sog. Radizierschwert, eingesetzt z. B. zur Radizierung des Differenzdrucks bei der Durchflussmessung nach dem Wirkdruckverfahren,
- der Reibradintegrator zur Integration von Signalen,
- Einrichtungen zur Linearisierung durch konstruktive Maßnahmen, z. B. der Teleperm-Abgriff als magnetischer Winkelaufnehmer.

Bei der *analog-elektronischen* Messsignalverarbeitung haben sich bewährt

- die Addition und Subtraktion mit Operationsverstärkern,

- die Integration mit Integrationsverstärkern,
- die Multiplikation (zur Leistungsmessung) mit Impulsflächenmultiplizierern,
- die Division mithilfe von Kompensationsschreibern.

3.7.2 Inkrementale Messsignalverarbeitung

Zu den bisher vorherrschenden Verfahren der inkrementalen bzw. hybriden Messsignalverarbeitung zählen die Messsignalverarbeitung bei der Analog-Digital-Umsetzung und die rein inkrementale Messsignalverarbeitung.

Bei der *Analog-Digital-Umsetzung* bestehen folgende Möglichkeiten der Signalverarbeitung:

1. Die Division bei der Spannungs-Digital-Umsetzung durch Ersatz der Referenzspannung durch eine veränderliche Eingangsspannung.
2. Die Division bei der Frequenz-Digital-Umsetzung durch Ersatz der Referenzfrequenz durch eine veränderliche Eingangsfrequenz.
3. Die zeitliche Integration einer zeitlich veränderlichen Frequenz durch Aufzählen in einem Zähler.
4. Die Subtraktion zweier Frequenzen durch Subtraktion zweier Impulszahlen, die bei gleichen Torzeiten von den beiden Eingangsfrequenzen erhalten wurden und nacheinander in einen Vorwärts-Rückwärts-Zähler einlaufen.

Schließlich ist bei der rein *inkrementalen* Messsignalverarbeitung ein Impulslogarithmierer zu erwähnen, der immer dann einen Ausgangsimpuls abgibt, wenn die Zahl der Eingangsimpulse sich um die Zahl der bereits vorhandenen Impulse erhöht hat.

3.7.3 Digitale Grundverknüpfungen und Grundfunktionen

Neben den vier Grundrechenarten stehen bei Mikrorechnern mit arithmetischen Koprozessoren eine Reihe von Grundfunktionen in einem ROM (read-only memory) zur Verfügung. Dazu zählen z. B. Radizierung, Logarithmierung, trigonometrische Funktionen und deren Umkehrfunktionen.

Die *Grundverknüpfungen* finden Anwendung bei der

- Summation und Subtraktion für Verrechnungszwecke,

– Multiplikation für die Leistungsmessung,

– Quotientenbildung zur Bezugnahme auf eine zweite Größe. Beispielsweise wird eine Frequenz bei der Multiperiodendauermessung durch die Division zweier Zählerstände ermittelt.

Die *Grundfunktionen* finden Anwendung bei der Berechnung

– des Durchflusses durch Radizierung des Differenzdruckes an einem Drosselgerät,

– der Leistung eines Kernreaktors durch Logarithmierung seiner Aktivität,

– des Winkels eines Resolversystems durch Bildung des Arcussinus bzw. Arcuscosinus.

Integration über die Zeit ist durch genügend häufige Abtastung und Aufsummierung der Abtastwerte möglich oder besser durch Integration des durch Interpolation gewonnenen Funktionsverlaufes. Die Integration über die Zeit gehört also nicht zu den Grundfunktionen.

3.7.4 Physikalische Modellfunktionen für einen Sensor

Ist das statische Verhalten eines Sensors durch physikalische Gesetze hinreichend genau beschreibbar, so ist es natürlich zweckmäßig, eine so erhaltene Modellfunktion für die rechnergestützte Korrektur zu verwenden.

Beispiel: Induktive Drosselsysteme als Wegaufnehmer lassen sich z. B. ohne Berücksichtigung des Streuflusses mit einer vereinfachten Theorie durch eine in Richtung des Messweges verschobene Hyperbel beschreiben. Bei Berücksichtigung von Streuflüssen ergibt sich jedoch auch bei sehr großem Luftspalt, der dem Messweg entspricht, eine von null verschiedene Induktivität. Der prinzipielle Kennlinienverlauf der Induktivität L, abhängig vom Messweg x, ist in Bild 3-38 dargestellt.

Mit L_0 und L_∞ sind die Induktivitäten bei den Weglängen $x = 0$ bzw. $x \to \infty$ bezeichnet, während die mittlere Induktivität $\frac{1}{2}(L_0 + L_\infty)$ die Weglänge x_m bestimmt. Zwei Modellfunktionen bieten sich an, eine Exponentialfunktion und eine gebrochen rationale Funktion 1. Grades.

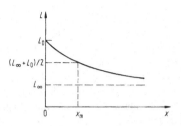

Bild 3-38. Kennlinie eines induktiven Wegsensors

Für die Exponentialfunktion kann man ansetzen

$$L = L_\infty + (L_0 - L_\infty)\mathrm{e}^{-(x/x_m)\ln 2} \ .$$

Für die gebrochen rationale Funktion 1. Grades ergibt sich

$$L = \frac{L_0 x_m + L_\infty x}{x_m + x} \ .$$

Sind drei Punkte (x_i, L_i) der Kennlinie bekannt, so lassen sich die Koeffizienten x_m, L_∞ und L_0 berechnen zu

$$x_m = \frac{(x_3 L_3 - x_2 L_2)(x_2 - x_1) - (x_2 L_2 - x_1 L_1)(x_3 - x_2)}{(L_2 - L_1)(x_3 - x_2) - (L_3 - L_2)(x_2 - x_1)} \ ,$$

$$L_\infty = \frac{x_3 L_3 - x_2 L_2 + x_m(L_3 - L_2)}{x_3 - x_2} \ ,$$

$$L_0 = (x_3 L_3 - x_3 L_\infty + x_m L_3)\frac{1}{x_m} \ .$$

Durch Vergleich mit den Messergebnissen an einem Sensor muss entschieden werden, welche der beiden Modellfunktionen besser geeignet ist.

3.7.5 Skalierung und Linearisierung von Sensorkennlinien durch Interpolation

Durch Konstantenaddition und Konstantenmultiplikation ist der Ausgleich herstellungsbedingter Streuungen von Nullpunkt und Steilheit bei im Übrigen linearer Sollkennlinie eines Sensors möglich. Man spricht hier von Skalierung.

Nichtlineare Sollkennlinien können durch folgende Maßnahmen nachgebildet werden:

1. Tabellarische Abspeicherung (look-up tables),
2. Polygonzug-Interpolation,
3. Polynom-Interpolation (niedrigen Grades),
4. Spline-Interpolation.

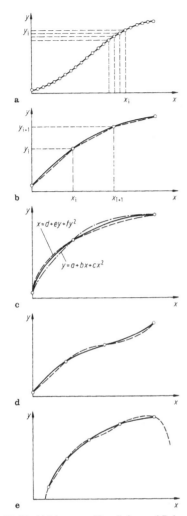

Bild 3-39. Nachbildung von Kennlinien und Polynominterpolation. **a** Tabellenverfahren, **b** Polygonzug-Interpolation, **c** Parabel-Interpolation, **d** Interpolation mit kubischer Parabel, **e** mangelnde Eignung von Polynomen höheren Grades

Der meiste Speicherplatz und die geringste Rechenzeit wird bei der tabellarischen Abspeicherung aller vorkommenden Wertepaare benötigt, wobei eine der gewünschten Genauigkeit entsprechende Quantisierung eingehalten werden muss (Bild 3-39a). Die tabellarische Abspeicherung ist für Kennlinienscharen (Kennfelder) wegen des hohen Speicherbedarfs weniger geeignet.

Geringeren Speicherbedarf und nur sehr geringe Rechenzeit benötigt die Polygonzug-Interpolation (Interpolation mit Geradenstücken, Bild 3-39b). Die Zahl der Definitionsbereiche bleibt jedoch meist verhältnismäßig hoch. Gewöhnlich wird zwischen mindestens 10 Stützwerten interpoliert.

Polynom-Interpolation 2. Grades (Parabelinterpolation) ist in Bild 3-39c für Parabeln mit Symmetrieachse parallel zur y-Achse bzw. x-Achse dargestellt. Drei Wertepaare der Kennlinie legen die jeweilige Parabel fest.

$$
\begin{array}{ll}
& \text{Symmetrieachse parallel zur} \\
y = a + bx + cx^2 & y\text{-Achse} \\
x = d + ey + fy^2 & x\text{-Achse}
\end{array}
$$

Mit einer *Polynom-Interpolation 3. Grades* (kubische Parabel) ist die Einbeziehung eines Wendepunktes in die Kennlinie möglich (Bild 3-39d). Mit vier Wertepaaren lassen sich die vier Koeffizienten a, b, c und d des Polynomus

$$
y = a + bx + cx^2 + dx^3
$$

bestimmen.

Für die Interpolation von Sensorkennlinien zwischen festen Stützwerten sind Polynome höheren als 3. Grades i. Allg. wenig geeignet, weil solche Polynome außerhalb der Intervallgrenzen schnell über alle Grenzen wachsen und meist alle $k - 2$ Wendepunkte des Polynoms k-ten Grades innerhalb des Interpolationsintervalles liegen. Diese Eigenschaften widersprechen dem eher glatten Verlauf realer Sensorkennlinien. Die mangelhafte Eignung eines Polynoms 4. Grades zur Interpolation einer Sensorkennlinie ist in Bild 3-39e an den Oszillationen des Interpolations-Polynoms deutlich zu erkennen.

3.7.6 Interpolation von Sensorkennlinien mit kubischen Splines

Glatte Kennlinienverläufe und höchstens ein Wendepunkt je Definitionsbereich ergeben sich bei kubischen Spline-Polynomen. Nach Bild 3-40 handelt es sich dabei um aneinandergesetzte Polynome 3. Grades (kubische Parabeln), die in den Übergangspunkten im Funktionswert, in der Steigung und in der Krümmung übereinstimmen.

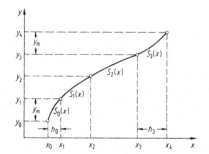

Bild 3-40. Interpolation mit kubischen Spline-Polynomen

Die Spline-Funktionen $S_i(x)$ zwischen zwei benachbarten Stützwerten x_i, y_i und x_{i+1}, y_{i+1} ($i = 0,1,\ldots,$ m-1) lauten

$$S_i(x) = a_i + b_i(x - x_i) + c_i(x - x_i)^2 + d_i(x - x_i)^3 .$$

Durch $m + 1$ Stützwerte werden also m Spline-Polynome $S_0(x)$ bis $S_{m-1}(x)$ gelegt. Die $4m$ Koeffizienten der m Spline-Polynome berechnen sich aus den

$2m$	Bedingungen für die Funktionswerte, da jedes Spline-Polynom am Anfang und am Ende des Definitionsbereiches durch die beiden dort vorhandenen Stützwerte gehen soll,
$m-1$	Bedingungen für die Steigungsgleichheit in den Übergangspunkten und
$m-1$	Bedingungen für Krümmungsgleichheit in den Übergangspunkten.

$(4m - 2)$ Bedingungen sind also festgelegt. Es verbleiben zwei noch frei wählbare Bedingungen, die im einfachsten Fall so festgelegt werden, dass die Krümmungen (nicht die Steigungen!) am Anfang und Ende der Gesamtfunktion verschwinden ($c_0 = c_m = 0$). Mit $y_{i+1} - y_i = y_m = $ const und $x_{i+1} - x_i = h_i$ ergibt sich als Algorithmus zur Koeffizientenbestimmung:

$$a_i = S_i(x_i) = y_i ,$$
$$h_{i-1}c_{i-1} + 2c_i(h_{i-1} + h_i) + h_i c_{i+1}$$
$$= 3y_m(1/h_i - 1/h_{i-1}) ,$$
$$b_i = y_m/h_i - (c_{i+1} + 2c_i)h_i/3 ,$$
$$d_i = (c_{i+1} - c_i)/3h_i .$$

Dieser Algorithmus für die Bestimmung der Koeffizienten a_i, b_i, c_i und d_i der m Spline-Polynome ist noch

überschaubar und liefert sehr gute Ergebnisse für die Kennlinieninterpolation.

3.7.7 Ausgleichskriterien zur Approximation von Sensorkennlinien

Bei der Kennlinieninterpolation geht die approximierende Funktion exakt durch die Stützwerte. Da die Stützwerte jedoch in der Regel nicht genau bekannt und selbst mit Streuungen behaftet sind, ist eine Interpolation nicht immer die beste Approximation einer Kennlinie. Man benutzt daher gerne die Ausgleichsrechnung (Regression). Die Koeffizienten der Approximationsfunktion werden dabei gewöhnlich durch Minimierung eines Fehlermaßes gewonnen. Die erhaltene Approximationsfunktion verläuft dann i. Allg. nicht durch die Stützwerte.

Häufig verwendete Fehlermaße sind das

– Fehlermaß R für die L_1-Approximation,
– Fehlermaß S für die L_2-Approximation,
– Fehlermaß T für die L_∞-Approximation.

Bezeichnet man die gemessenen Stützwerte mit (x_k, y_k), die mit der Approximationsfunktion gewonnenen Werte mit $f(x_k)$ und die Koeffizienten der Approximationsfunktion mit $a_1, \ldots, a_m$, so berechnen sich die Fehlermaße R, S und T gemäß

$$R(a_1, \ldots, a_m) = \sum_{k=1}^{n} p_k |y_k - f(a, \ldots, a_m, x_k)| \overset{!}{=} \text{Min} ,$$

$$S(a_1, \ldots, a_m) = \sum_{k=1}^{n} p_k [y_k - f(a_1, \ldots, a_m, x_k)]^2 \overset{!}{=} \text{Min} ,$$

$$T(a_1, \ldots, a_m) = \max_k p_k |y_k - f(a_1, \ldots, a_m, x_k)| \overset{!}{=} \text{Min} .$$

Die Gewichtsfaktoren p_K werden im einfachsten Fall gleich eins gesetzt.

Das Fehlermaß R ist die gewichtete Summe der Absolutbeträge der Abweichungen und ergibt die L_1-*Approximation* bei minimaler Abweichung. Die L_1-*Approximation* ist zur Ausreißererkennung gut geeignet. Liegt lediglich ein einziger Punkt außerhalb eines sonst linearen Zusammenhangs, so bleibt dieser Ausreißer unberücksichtigt und die Approximationsfunktion verläuft exakt durch alle anderen Punkte.

Das Fehlermaß S ist die gewichtete Summe der quadratischen Abweichungen und liefert die

L_2-Approximation (*least squares method*) oder *Gauß'sche Fehlerquadratmethode* nach Minimierung. Diese Methode wird im Regelfall angewendet. Große Abweichungen gehen dabei besonders stark in die Fehlersumme ein.

Das Fehlermaß T ergibt sich als die größte (gewichtete) vorkommende Abweichung. Man spricht von der L_∞-Approximation oder *Tschebyscheff-Approximation*, wenn die größte vorkommende Abweichung minimal ist. Für die Sensortechnik ist diese Approximation von besonderer Bedeutung.

Für die Anwendungen gilt als Faustregel, dass die Zahl der Stützwerte 3- bis 5-mal so groß sein soll wie die Zahl der zu bestimmenden Parameter.

Beispiel für die Ausgleichsrechnung

Die Steigung m einer linearen Kennlinie $y = mx$ durch den Ursprung soll so bestimmt werden, dass die Summe der quadratischen Abweichungen von n Messpunkten (x_k, y_k) minimal wird (Bild 3-41). Bei identischen Gewichtsfaktoren $p_k = 1$ ergibt sich das Fehlermaß

$$S(m) = \sum_{k=1}^{n} [y_k - f(m, x_k)]^2$$

$$= \sum_{k=1}^{n} [y_k - mx_k]^2$$

$$= \sum_{k=1}^{n} \left[y_k^2 - 2mx_k y_k + (mx_k)^2 \right] \overset{!}{=} \text{Min},$$

$$\frac{\mathrm{d}S}{\mathrm{d}m} = \sum_{k=1}^{n} \left(-2x_k y_k + 2mx_k^2 \right) = 0.$$

Die Steigung ergibt sich zu

$$m = \frac{\sum\limits_{k=1}^{n} x_k y_k}{\sum\limits_{k=1}^{n} x_k^2}.$$

3.7.8 Korrektur von Einflusseffekten auf Sensorkennlinien

Ist der prinzipielle Verlauf einer Sensorkennlinie (Stammfunktion) bekannt und erfährt diese durch fertigungsbedingte Streuungen und Einflusseffekte

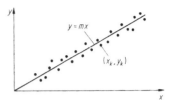

Bild 3-41. Regressionsgerade durch Ursprung mit Steigung m

keine Veränderungen des qualitativen Verlaufs, so bewährt sich das Stammfunktionsverfahren zur Beschreibung des Einflusseffektes auf die Sensorkennlinie.

Nach Bild 3-42a fungiert die Stammfunktion

$$y_0 = f(x_1, x_{20})$$

bei konstanter Einflussgröße als Nennkennlinie.

Bei veränderlicher Einflussgröße x_2 wird beim Stammfunktionsverfahren das Ausgangssignal y abhängig von der Messgröße x_1

$$y(x_1, x_2) = c_0(x_2) + [1 + c_1(x_2)]y_0(x_1, x_{20})$$
$$+ c_2(x_2)y_0^2(x_1, x_{20}) + \dots$$

Die Funktionen $c_0(x_2), c_1(x_2), c_2(x_2), \dots$ beschreiben den Einflusseffekt und sind beim Nennwert x_{20} der Einflussgröße x_2 gleich null.

Beispiel: In Anlehnung an dieses Stammfunktionsverfahren kann bei einem ausgeführten mikrorechnerorientierten *Sensorsystem* nach Bild 3-42b der Temperatureinfluss auf induktive Sensoren zur Messung von Weggrößen korrigiert werden. Die Weggröße steuert die Induktivität der Sensoren und damit die Frequenz eines LC-Oszillators, in dem die Sensoren betrieben werden. Die Einflussgröße Temperatur wird mit einem Silizium-Temperatursensor erfasst und steuert durch Veränderung des Widerstandes die Frequenz eines RC-Oszillators. Die beiden frequenzanalogen Ausgangssignale im MHz-Bereich (Messgröße) bzw. kHz-Bereich (Einflussgröße) werden zum Mikrorechnersystem übertragen. Dort wird sensorspezifisch die Kennlinie linearisiert und der Temperatureinfluss korrigiert. Auf diese Weise ist auch eine einfache Kalibrierung ohne Abgleichelemente möglich.

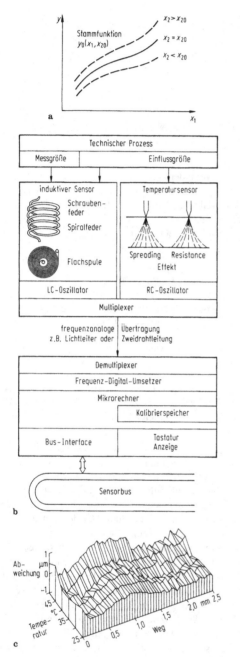

a

b

c

Bild 3-42. Korrektur von Einflusseffekten. **a** Stammfunktion und Einflusseffekt, **b** mikrorechnerorientiertes Sensorsystem, **c** Restfehler eines rechnerkorrigierten Wegsensors

Bei einem ausgeführten rechnerkorrigierten Wegsensor ergaben sich gemäß Bild 3-42c bei einem Messbereich von 2,5 mm in einem Temperaturbereich von 25 bis 50 °C Abweichungen vom Sollwert, deren Betrag 1 µm nicht überschritt.

3.7.9 Dynamische Korrektur von Sensoren

Mit geeigneten Algorithmen auf Mikrorechnern ist eine dynamische Korrektur von Sensoren möglich. Bei bekannten Systemparametern muss für die dynamische Korrektur linearer Systeme i. Allg. das Faltungsintegral ausgewertet werden (vgl. I 3.2.3).
Mit den Bezeichnungen in Bild 3-43 wird die berechnete (rekonstruierte) Eingangsgröße zu

$$x_e^*(t) = \int_0^t x_a(t - \tau)g(\tau)\,\mathrm{d}\tau = x_a(t) * g(t)\,.$$

Die Gewichtsfunktion $g(t)$ ergibt sich dabei durch Laplace-Rücktransformation aus der reziproken Übertragungsfunktion $1/F(s)$ des Sensors:

$$g(t) = \mathscr{L}^{-1}[1/F(s)]\,.$$

Einfacher wird die dynamische Korrektur, wenn sich der in der Differenzialgleichung enthaltene zeitliche Verlauf $x_e(t)$ der Eingangsgröße des Sensors explizit als Funktion der Ausgangsgröße $x_a(t)$ darstellen lässt. Bei vielen Sensoren ist dies der Fall. Sie verhalten sich in guter Näherung wie Verzögerungsglieder 1. oder 2. Ordnung. Für die Eingangsgröße $x_e(t)$ ergibt sich beim Verzögerungsglied 2. Ordnung

$$x_e(t) = \frac{1}{k}\left[x_a + \frac{2\vartheta}{\omega_0}\dot{x}_a + \frac{1}{\omega_0^2}\ddot{x}_a\right]\,.$$

(ϑ Dämpfungsgrad, ω_0 Kreisfrequenz der ungedämpften Eigenschwingung.)

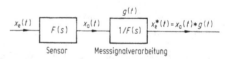

Bild 3-43. Dynamische Korrektur durch Berechnung des Faltungsintegrals

Für ein Verzögerungsglied 1. Ordnung mit der Zeitkonstanten τ ist die Eingangsgröße

$$x_e(t) = \frac{1}{k}(x_a + \tau\dot{x}_a) \,.$$

Die Eingangsgröße $x_e(t)$ lässt sich also aus der Ausgangsgröße $x_a(t)$ und deren Ableitung(en) berechnen. Die Ausgangsgröße $x_a(t)$ wird dabei unter Verwendung mehrerer vorangegangener Abtastwerte approximiert. Auch hier erweisen sich bei Sensoren 2. Ordnung Spline-Polynome 3. Ordnung als vorteilhaft, da die 2. Ableitung der Ausgangsgröße $x_a(t)$ dann noch zumindest linear von der Zeit t abhängen kann.

4 Messschaltungen und Messverstärker

Mit Messschaltungen und Messverstärkern werden analoge elektrische Signale verarbeitet, die entweder am Ausgang von Messgrößenaufnehmern für nichtelektrische Größen anfallen oder selbst elektrische Messgrößen darstellen.

4.1 Signalumformung mit verstärkerlosen Messschaltungen

Mit verstärkerlosen Messschaltungen lassen sich analoge Messsignale proportional umformen oder gezielt verarbeiten.
Bei der proportionalen Umformung wird entweder nur die Größe des Messsignals verändert, wie z. B. bei einem Spannungsteiler oder es wird die Art des Messsignals umgewandelt, wie z. B. bei der Strom-Spannungs-Umformung.

4.1.1 Strom-Spannungs-Umformung mit Messwiderstand

Die Aufgabe der linearen Umformung eines Messstromes I in eine Spannung U stellt sich bei der Darstellung des zeitlichen Verlaufs eines Stromes mithilfe eines Oszillografen, da dieser gewöhnlich nur Spannungseingänge besitzt.
Die Güte der Umformung gemäß $U = R \cdot I$ hängt von der Präzision des Widerstandes R ab. Sein Wert soll

nicht nur möglichst exakt abgeglichen, sondern auch möglichst unabhängig sein vom Messstrom (Eigenerwärmung), von der Umgebungstemperatur (Fremderwärmung), von der Anschlusstechnik, von Alterungseffekten und von der Betriebsfrequenz.
Daneben ist eine möglichst geringe Thermospannung gegen Kupfer und ein höherer spezifischer Widerstand erwünscht. Reine Metalle sind vorwiegend wegen ihres zu hohen Temperaturkoeffizienten von etwa $4 \cdot 10^{-3}$/K, teilweise auch wegen ihres zu geringen spezifischen Widerstandes für Messwiderstände ungeeignet.
Bei geringeren Anforderungen verwendet man Kohle- oder Metallschichtwiderstände; ebenso für hochohmige Messwiderstände, die gewendet oder mäanderförmig ausgeführt werden. Eine Abgleichtoleranz und Langzeitstabilität von 0,5%, bestenfalls 0,1% wird dabei eingehalten. Widerstandswerte von ca. 10 Ω bis über 10 MΩ sind realisierbar.
Bei höheren Anforderungen an die Genauigkeit und bei niederohmigen Widerständen sind Drähte oder Stäbe aus bestimmten Metalllegierungen üblich. Manganin (86 Cu, 12 Mn, 2 Ni; $\varrho = 0,43\,\Omega \cdot$ mm^2/m) ist gut bewährt. Gute Alternativen stellen die Legierungen Isaohm und Konstantan (54 Cu, 45 Ni, 1 Mn; $\varrho = 0,5\,\Omega \cdot$ mm^2/m) dar. Die Abhängigkeit des elektrischen Widerstandes dieser Legierungen von der Temperatur ist näherungsweise parabelförmig. Der Parabelscheitel liegt dabei gewöhnlich bei Temperaturen zwischen 30 °C und 50 °C (Bild 4-1). Der Betrag der relativen Widerstandsänderung liegt in dem Temperaturbereich von -20 bis $+80$ °C im Mittel bei einigen 10^{-5}/K. In der Umgebung des Extremums sind die temperaturbedingten Widerstandsänderungen natürlich kleiner.
Niederohmige Messwiderstände müssen in Vierleitertechnik ausgeführt werden, damit der Einfluss von

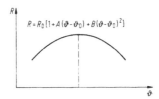

Bild 4-1. Typische Temperaturabhängigkeit von Legierungen für Präzisionswiderstände

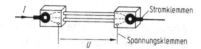

Bild 4-2. Niederohmiger Messwiderstand in Vierleitertechnik

Übergangs- und Zuleitungswiderständen genügend klein gehalten werden kann. Nach Bild 4-2 fließt der Messstrom I durch die konstruktiv außen liegenden Stromklemmen, während an den innen angeordneten Spannungsklemmen (Potenzialklemmen) die Messspannung U abgegriffen wird.

Der Messwiderstand $R = U/I$ wird damit unabhängig von Übergangs- und Zuleitungswiderständen, die außerhalb der Potenzialklemmen wirksam sind.

4.1.2 Spannungsteiler und Stromteiler

Das Teilerverhältnis eines unbelasteten Spannungsteilers nach Bild 4-3 ist

$$\frac{U_2}{U_1} = \frac{R_2}{R_1 + R_2}$$

$$= \frac{R_{20}[1 + \alpha_2(\vartheta_2 - \vartheta_0)]}{R_{10}[1 + \alpha_1(\vartheta_1 - \vartheta_0)] + R_{20}[1 + \alpha_2(\vartheta_2 - \vartheta_0)]},$$

wobei die Temperaturabhängigkeit der beiden Teilerwiderstände explizit berücksichtigt wurde. Das Teilerverhältnis wird temperaturunabhängig gleich $R_{20}/(R_{10} + R_{20})$, wenn $\alpha_1(\vartheta_1 - \vartheta_0) = \alpha_2(\vartheta_2 - \vartheta_0)$, was bei gleichen Temperaturkoeffizienten $\alpha_1 = \alpha_2$ und gleichen Temperaturen $\vartheta_1 = \vartheta_2$ der Teilerwiderstände gegeben ist.

Das Teilerverhältnis eines Stromteilers (Bild 4-3) ist

$$t = \frac{I_2}{I_1} = \frac{R_1}{R_1 + R_2}$$

und wird bei gleichen Temperaturen und Temperaturkoeffizienten der Teilerwiderstände ebenfalls temperaturunabhängig.

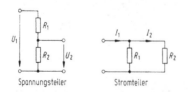

Bild 4-3. Spannungs- und Stromteiler

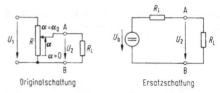

Bild 4-4. Einstellbarer Spannungsteiler und Ersatzschaltbild

Der als resistiver Weg- oder Winkelaufnehmer häufig verwendete *einstellbare belastete Spannungsteiler* (vgl. 3.2.1) nach Bild 4-4 verwendet ein lineares Präzisionspotenziometer mit dem Gesamtwiderstand R, das häufig als Mehrgangpotenziometer (z.B. für 10 volle Umdrehungen) ausgeführt ist.

Das Teilerverhältnis U_2/U_1 berechnet man mit dem Satz von der Zweipolquelle. Die Leerlaufspannung U_1 und der Innenwiderstand R_i der Ersatzschaltung in Bild 4-4, sowie die der Original- und der Ersatzschaltung gemeinsame Ausgangsspannung U_2 sind

$$U_1 = \frac{\alpha}{\alpha_0}U_1, \quad R_i = \frac{\alpha}{\alpha_0}\left(1 - \frac{\alpha}{\alpha_0}\right)R,$$

$$U_2 = \frac{R_L}{R_i + R_L}U_1 = \frac{1}{1 + R_i/R_L}U_1.$$

Das Teilerverhältnis U_2/U_1 hängt damit vom bezogenen Winkel α/α_0 ab, bei Belastung aber auch vom Lastwiderstand R_L:

$$\frac{U_2}{U_1} = \frac{1}{1 + \dfrac{R}{R_L} \cdot \dfrac{\alpha}{\alpha_0}\left(1 - \dfrac{\alpha}{\alpha_0}\right)} \cdot \frac{\alpha}{\alpha_0}.$$

Diese Abhängigkeit ist in Bild 4-5 mit R/R_L als Parameter aufgetragen.

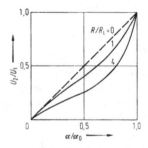

Bild 4-5. Teilerverhältnis U_2/U_1 als Funktion des bezogenen Winkels α/α_0 mit Lastwiderstand R_L als Parameter

Für $\alpha/\alpha_0 = 0$ und für $\alpha/\alpha_0 = 1$ ist der Innenwiderstand $R_i = 0$. Die Anfangs- und Endpunkte der Kennlinie sind deshalb unabhängig vom Lastwiderstand. Im Bereich $0 < \alpha/\alpha_0 < 1$ ergibt sich jedoch wegen des endlichen Lastwiderstands eine Durchbiegung der Kennlinie gegenüber dem unbelasteten Fall $R/R_L = 0$.

4.1.3 Direktanzeigende Widerstandsmessung

Mit der in Bild 4-6 angegebenen Messschaltung können unbekannte Widerstände R im Bereich von ∞ bis 0 in eine Stromspanne von $I = 0$ bis $I = I_0$ umgeformt werden.

Mit dem Satz von der Ersatzspannungsquelle bezüglich der Klemmen A,B ergibt sich für den Strom

$$I = \frac{U_1}{R_i + R_0} = \frac{\dfrac{R_1}{R_1 + R}U_0}{\dfrac{R_1 R}{R_1 + R} + R_0}$$

$$= \frac{U_0}{R_0 + (1 + R_0/R_1)R} .$$

Vor der Messung wird für $R = 0$ der in Serie zum Messinstrument liegende Widerstand so eingestellt, dass Vollausschlag $I = I_0$ angezeigt wird. Es ist dann $R_0 = U_0/I_0$ und der normierte Strom ist

$$\frac{I}{I_0} = \frac{1}{1 + \left(\dfrac{1}{R_0} + \dfrac{1}{R_1}\right)R} .$$

Mit umschaltbaren Widerständen R_1 sind verschiedene Strommessbereiche realisierbar. Die Bemessung der Widerstände R_1 erfolgt so, dass bei bestimmten Widerständen $R = R_{1/2}$ gerade halber Vollausschlag $I = I_0/2$ erreicht wird.

$$\frac{1}{2} = \frac{1}{1 + \left(\dfrac{1}{R_0} + \dfrac{1}{R_1}\right)R_{1/2}} \quad \text{oder} \quad \frac{1}{R_1} = \frac{1}{R_{1/2}} - \frac{1}{R_0} .$$

Da sich schwankende Versorgungsspannungen U_0 auf R_0 auswirken, ist die Bemessung von R_1 nur für einen Wert von R_0 möglich, der z. B. der mittleren Versorgungsspannung entsprechen kann.

Bei konstanter Versorgungsspannung U_0, entsprechend eingestelltem Widerstand R_0 und einem danach bemessenen Widerstand R_1 ergibt sich für den normierten Strom (siehe Bild 4-6)

$$\frac{I}{I_0} = \frac{1}{1 + R/R_{1/2}} .$$

Der Vorteil dieses Verfahrens liegt in der nichtlinearen Transformation des Widerstandsbereiches $0 \leq R < \infty$ in den endlichen Strombereich $1 \geq I/I_0 > 0$. Gegen $R_{1/2}$ hochohmige bzw. niederohmige Widerstände lassen sich damit schnell erkennen.

Nach diesem Schaltungsprinzip lassen sich Temperaturen mithilfe von *Heißleitern* (NTC-Widerstände) messen (siehe 3.5.2). Die Temperaturabhängigkeit des normierten Widerstandes eines Heißleiters lässt sich näherungsweise beschreiben durch

$$R_\vartheta/R_0 = \exp\left[B\left(\frac{1}{\vartheta} - \frac{1}{\vartheta_0}\right)\right] .$$

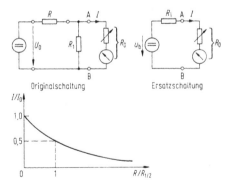

Bild 4-6. Direktanzeigende Widerstandsmessung

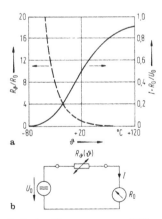

Bild 4-7. Heißleiter-Thermometer. **a** Widerstands- und Stromverlauf, **b** Messschaltung

Eine Kennlinie für $\vartheta_0 = 20\,°\text{C}$ und $B = 3000\,\text{K}$ ist in Bild 4-7a dargestellt.

Betreibt man diesen Heißleiter in der Messschaltung von Bild 4-7b, so ist der normierte Strom

$$\frac{I}{U_0/R_0} = \frac{1}{1 + R_\vartheta/R_0} \,.$$

Der in Bild 4-7a eingetragene Stromverlauf besitzt einen Wendepunkt. In der Umgebung dieses Wendepunktes (etwa von -20 bis $+50\,°\text{C}$) ist die Empfindlichkeit $\mathrm{d}I/\mathrm{d}\vartheta$ näherungsweise konstant.

4.2 Messbrücken und Kompensatoren

4.2.1 Qualitative Behandlung der Prinzipschaltungen

Kompensationsschaltungen zur Spannungs-, Strom- oder Widerstandsmessung enthalten eine Spannungsquelle, mindestens zwei Widerstände zur Spannungs- bzw. Stromteilung und ein Spannungs- bzw. Strommessinstrument, das bei Teilkompensation im Ausschlagverfahren, bei vollständiger Kompensation als Nullindikator betrieben wird (Bild 4-8).

Teilkompensation oder vollständige Kompensation wird bei diesen mit Gleichspannung betriebenen Schaltungen durch geeignete Einstellung eines Widerstandes, z. B. des Widerstandes R_1, erzielt.

In der Kompensationsschaltung nach Bild 4-8a kann eine unbekannte Spannung U_x durch die am Widerstand R_2 anliegende Spannung U_K kompensiert werden.

In der Kompensationsschaltung nach Bild 4-8b wird ein unbekannter Strom I_x kompensiert, indem Spannungsgleichheit an dem von $(I_0 - I_x)$ durchflossenen Widerstand R_2 und an dem von I_x durchflossenen Widerstand R_4 erreicht wird.

Schließlich wird in der Kompensationsschaltung nach Bild 4-8c – einer Wheatstone-Brücke – ein unbekannter Widerstand R_x dadurch bestimmt, dass die Spannung an R_x durch die Spannung U_K an R_2 kompensiert wird. Eine Wheatstone-Brücke kann man sich also entstanden denken aus zwei Spannungsteilern, die durch die gleiche Quelle gespeist werden und deren Teilspannungen miteinander verglichen werden.

4.2.2 Spannungs- und Stromkompensation

Bei vollständiger *Spannungskompensation* $(U = 0)$ nach Bild 4-8a wird die Leerlaufspannung U_x der Messspannungsquelle belastungsfrei gemessen und ist

$$U_x = \frac{R_2}{R_1 + R_2} U_0 \,.$$

Mit der in Bild 4-8b dargestellten Schaltung kann ein unbekannter Strom I_x rückwirkungsfrei kompensiert werden. Dazu wird der Widerstand R_1 verändert, bis die Spannung U am Nullindikator (und damit auch der Strom durch den Nullindikator) zu null wird.

Im abgeglichenen Zustand $(U = 0)$ ist

$$(I_0 - I_x)R_2 = U_K = I_K R_4 \,.$$

Der Strom ist damit

$$I_x = I_0 \frac{R_2}{R_2 + R_4} \,.$$

4.2.3 Messbrücken im Ausschlagverfahren (Teilkompensation)

Unterschiedliche Darstellungsmöglichkeiten von Messbrücken

Die in Bild 4-8c angegebene Prinzipschaltung einer Messbrücke lässt sich auf unterschiedliche Weise darstellen. Die in Bild 4-9 angegebenen 6 Varianten a bis f sind funktionsgleich.

Ausgehend von der Originalschaltung mit außenliegender Spannungsquelle in (a) ist in Schaltung (d) die

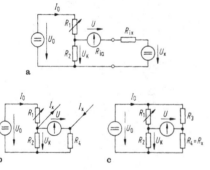

Bild 4-8. Kompensationsschaltungen zur **a** Spannungsmessung (U_x), **b** Strommessung (I_x), **c** Widerstandsmessung (R_x)

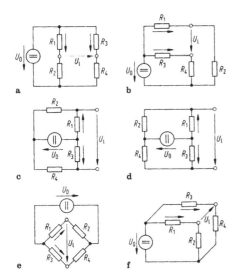

Bild 4-9. Varianten der Prinzipschaltung einer Messbrücke

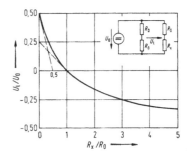

Bild 4-10. Normierte Leerlauf-Ausgangsspannung U_1/U_0 als Funktion von R_x/R_0

Die spezielle Messschaltung und ihre Kennlinie sind in Bild 4-10 dargestellt.
Die normierte Empfindlichkeit ist

$$E = \frac{\mathrm{d}(U_1/U_0)}{\mathrm{d}(R_x/R_0)} = \frac{-1}{(1 + R_x/R_0)^2} \;.$$

Die Empfindlichkeit bei $R_x/R_0 = 0$ ist 4-mal so groß wie bei $R_x/R_0 = 1$. Typisch für Brückenschaltungen dieser Art ist ihre nichtlineare Kennlinie.
Bei *Belastung der Brückendiagonalen* mit dem endlichen Widerstand R_5 berechnet man die Ausgangsspannung U an den Klemmen A,B am besten mit dem Satz von der Zweipolquelle (Bild 4-11).
Die Leerlaufspannung U_1 (ohne R_5!) ist bereits bestimmt, den Innenwiderstand R_i berechnet man, indem man die starre Spannungsquelle durch einen Kurzschluss ersetzt, zu

$$R_i = \frac{R_1 R_2}{R_1 + R_2} + \frac{R_3 R_4}{R_3 + R_4} \;.$$

Spannungsquelle nach innen verlegt und die Brückenausgangsspannung kann außen abgegriffen werden; Variante (e) lässt erkennen, warum die Brückenausgangsspannung auch als Brückendiagonalspannung bezeichnet wird.
Variante (f) bietet aufgrund der dreidimensionalen Darstellung einen besonders guten Einblick in den Aufbau der Schaltung.

Brückenspeisung mit konstanter Spannung
Bei Teilkompensation kann aus der Brückenausgangsspannung nach Bild 4-9 einer der Brückenwiderstände bestimmt werden, wenn die Speisespannung U_0 und die drei anderen Widerstände bekannt sind. Bei diesem Ausschlagverfahren ist die Ausgangsspannung U_1 im Leerlauf

$$U_1 = \left(\frac{R_3}{R_3 + R_4} - \frac{R_1}{R_1 + R_2} \right) U_0 \;.$$

Für den Spezialfall $R_1 = R_2 = R_3 = R_0$ und $R_4 = R_x$ ist die normierte Ausgangsspannung

$$\frac{U_1}{U_0} = \frac{1}{1 + R_x/R_0} - \frac{1}{2} \;.$$

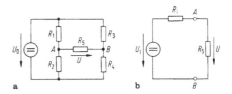

Bild 4-11. Mit konstanter Spannung gespeiste und am Ausgang belastete Brückenschaltung. **a** Originalschaltung, **b** Ersatzschaltung

Nach Zwischenrechnung ergibt sich die Ausgangsspannung

$$\frac{U_1}{I_0} = \frac{(R_0 + \Delta R)^2 - R_0^2}{2(2R_0 + \Delta R)} = \frac{\Delta R}{2} \; .$$

$$U = \frac{R_5}{R_5 + R_i} U_1 \; ,$$

$$\frac{U}{U_0} = \frac{R_2 R_3 - R_1 R_4}{(R_1 + R_2)(R_3 + R_4) + [R_1 R_2 (R_3 + R_4) + R_3 R_4 (R_1 + R_2)]/R_5}$$

Brückenspeisung mit konstantem Strom

Bei Speisung der Brückenschaltung nach Bild 4–12a mit konstantem Strom I_0 ergibt sich für die Spannung an der Brücke

$$U_0 = I_0 \frac{(R_1 + R_2)(R_3 + R_4)}{R_1 + R_2 + R_3 + R_4} \; .$$

Die Leerlauf-Ausgangsspannung U_1 ist wie bei der spannungsgespeisten Brücke

$$U_1 = \left(\frac{R_3}{R_3 + R_4} - \frac{R_1}{R_1 + R_2} \right) U_0 \; .$$

Damit ist die Leerlauf-Ausgangsspannung U_1 bei Stromspeisung

$$U_1 = \frac{R_2 R_3 - R_1 R_4}{R_1 + R_2 + R_3 + R_4} I_0 \; .$$

Für den Spezialfall $R_1 = R_4 = R_0$ und $R_2 = R_3 = R_0 + \Delta R$ ist die auf den Speisestrom I_0 bezogene Leerlauf-Ausgangsspannung

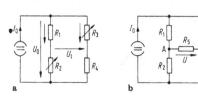

Bild 4–12. Mit konstantem Strom gespeiste Brückenschaltung. **a** Im Leerlauf, **b** mit Lastwiderstand R_5 am Ausgang, **c** Ersatzschaltung

Mit zwei gleichen Platin-Widerstandsthermometern, die die Brückenwiderstände

$$R_2 = R_3 = R_0 [1 + \alpha(\vartheta - \vartheta_0)]$$

bilden (Bild 4–12a), ist also eine lineare Temperaturmessung möglich gemäß

$$\frac{U_1}{I_0} = \frac{\Delta R}{2} = \frac{1}{2} \alpha(\vartheta - \vartheta_0) R_0 \; .$$

Bei belasteter Brückendiagonale benötigt man außer der bereits berechneten Leerlaufspannung U_1 den Innenwiderstand, der

$$R_i = \frac{(R_1 + R_3)(R_2 + R_4)}{R_1 + R_2 + R_3 + R_4}$$

ist, da die Stromquelle für die Bestimmung des Innenwiderstandes durch eine Unterbrechung ersetzt werden muss. Die Ausgangsspannung bei Belastung mit R_5 beträgt damit

$$U = \frac{R_5}{R_5 + R_i} U_1 \; ,$$

$$\frac{U}{I_0} = \frac{R_2 R_3 - R_1 R_4}{(R_1 + R_2 + R_3 + R_4) + (R_1 + R_3)(R_2 + R_4)/R_5} \; .$$

4.2.4 Wheatstone-Brücke im Abgleichverfahren

Da ein Handabgleich von Messbrücken in Mess- und Automatisierungssystemen kaum mehr praktikabel ist, sind die heute verwendeten Abgleichverfahren entweder auf den Einsatz von Verstärkern, die in geeigneter Weise den Abgleich herbeiführen, oder aber auf den Laborbereich beschränkt, der in vielen Fällen an die Dynamik der Messungen keine höheren Anforderungen stellt.

Bei vollständigem Abgleich wird die Brückenausgangsspannung U nach Bild 4–13a zu null und die zugehörige *Abgleichbedingung* lautet

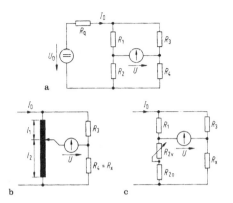

Bild 4-13. Wheatstone'sche Brücken im Abgleichverfahren. a Prinzip, b Schleifdraht-Messbrücken, c Toleranz-Messbrücke

$$\frac{R_1}{R_2} = \frac{R_3}{R_4} .$$

Um den Abgleich möglichst genau durchführen zu können, ist außer einem hohen Brückenspeisestrom I_0 eine hohe Empfindlichkeit des Nullindikators notwendig. Der Brückenspeisestrom kann jedoch wegen der Verlustleistung nicht beliebig hoch sein. Die Eigenerwärmung würde zu Widerstandsänderungen und damit zu Messfehlern führen. Die hohe Empfindlichkeit des Nullindikators wiederum wird am besten durch einen sog. nullpunktsicheren Verstärker erreicht.

Schleifdraht-Messbrücke

Bei der sog. Schleifdraht-Messbrücke nach Bild 4-13b sind die Widerstände R_1 und R_2 durch einen möglichst homogenen Widerstandsdraht konstanten Querschnitts ersetzt. Die den Längen l_1 und l_2 proportionalen Widerstände R_1 und R_2 sind durch die Stellung des Schleifkontaktes gegeben. Die Abgleichbedingung lautet

$$R_3/R_4 = l_1/l_2 .$$

Der Schleifdraht wird gewöhnlich als Schleifdrahtwendel auf einer Walze in mehreren Windungen aufgebracht. Bei geringeren Anforderungen ist auch ein Schleifdrahtring geeignet. Für didaktische Zwecke wird gerne ein gestreckter Schleifdraht von 1 m Länge verwendet.

Toleranz-Messbrücke (Bild 4-13c)

Die Abweichungen unbekannter Widerstände R_x von ihrem Sollwert R_3 können aus dem Einstellwinkel α des zum Abgleich benötigten linearen Potenziometers mit dem Gesamtwiderstand R_{2v} ermittelt werden. Allgemein gilt

$$\frac{R_x}{R_3} = \frac{R_{20} + (\alpha/\alpha_0)R_{2v}}{R_1} .$$

Mit $\alpha = 0$ für $R_x = R_3 - \Delta R$ und $\alpha = \alpha_0$ für $R_x = R_3 + \Delta R$ ergibt sich

$$\frac{R_3 - \Delta R}{R_3} = \frac{R_{20}}{R_1} , \quad \frac{R_3 + \Delta R}{R_3} = \frac{R_{20} + R_{2v}}{R_1} .$$

Bei gegebenen Werten von $R_3, \Delta R$ und R_{2v} sind die Widerstände

$$R_1 = \frac{R_{2v}R_3}{2\Delta R} , \quad R_{20} = \frac{R_{2v}(R_3 - \Delta R)}{2\Delta R} .$$

Der Fehler $R_x - R_3$ des unbekannten Widerstandes R_x ist damit

$$R_x - R_3 = \Delta R(2\alpha/\alpha_0 - 1) ,$$

er ist linear vom Einstellwinkel α abhängig.

4.2.5 Wechselstrombrücken

Prinzip und Abgleichbedingungen

Wechselstrommessbrücken können zur Messung von Kapazitäten, Induktivitäten und deren Verlustwiderständen sowie ganz allgemein zur Messung komplexer Widerstände eingesetzt werden. Der grundsätzliche Aufbau einer Wechselstrombrücke (Bild 4-14a) besteht aus einer (meist niederfrequenten) Wechselspannungsquelle, aus einem Nullindikator (mit selektivem Verstärker) und aus den vier komplexen Widerständen $\underline{Z}_1$ bis $\underline{Z}_4$.

Wie bei den Gleichstrom-Messbrücken ergibt sich die Abgleichbedingung ($\underline{U} = 0$) aus dem Verhältnis der entsprechenden Widerstände. Bei Wechselstrombrücken handelt es sich um die komplexe Gleichung

$$\frac{\underline{Z}_1}{\underline{Z}_2} = \frac{\underline{Z}_3}{\underline{Z}_4} .$$

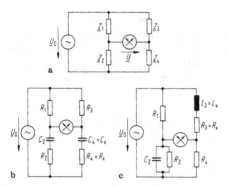

Bild 4-14. Wechselstrom-Messbrücken. **a** Prinzipieller Aufbau, **b** Kapazitäts-Messbrücke, **c** Induktivitäts-Messbrücke

Mit $\underline{Z}_i = |\underline{Z}_i| e^{j\varphi_i}$ resultieren die beiden reellen Abgleichbedingungen

$$\frac{|\underline{Z}_1|}{|\underline{Z}_2|} = \frac{|\underline{Z}_3|}{|\underline{Z}_4|} \quad \text{und} \quad \varphi_1 + \varphi_4 = \varphi_2 + \varphi_3 .$$

Für den Brückenabgleich werden im Allgemeinen zwei Einstellelemente benötigt. Ein Abgleich ist nur möglich, wenn die Summe der Phasenwinkel der beiden jeweils schräg gegenüberliegenden komplexen Widerstände gleich ist.

Kapazitäts- und Induktivitätsbrücken

Eine *Kapazitätsmessbrücke* (nach Wien) ist im einfachsten Fall symmetrisch aufgebaut (Bild 4-14b). Aus der Abgleichbedingung

$$\frac{R_2 + 1/(j\omega C_2)}{R_1} = \frac{R_x + 1/(j\omega C_x)}{R_3}$$

ergibt sich sofort

$$R_x = R_2 \frac{R_3}{R_1} , \quad C_x = C_2 \frac{R_1}{R_3} .$$

Ähnlich lassen sich entsprechende Parallelverlustwiderstände R_{xp} aus R_{2p} bestimmen.
Bei einer *Induktivitätsmessbrücke* (nach Maxwell und Wien) verwendet man bevorzugt Vergleichskapazitäten (Bild 4-14c), da sie einfacher und genauer herstellbar sind als Induktivitäten. Die Abgleichbedingung ist

$$\frac{R_2 \dfrac{1}{j\omega C_2}}{R_2 + \dfrac{1}{j\omega C_2}} = \frac{R_1 R_4}{R_x + j\omega L_x} .$$

Daraus ergibt sich

$$R_x = \frac{R_1 R_4}{R_2} , \quad L_x = R_1 R_4 C_2 .$$

4.3 Grundschaltungen von Messverstärkern

Mit hochverstärkenden Operationsverstärkern lassen sich durch Substraktion einer dem Ausgangssignal proportionalen Größe vom Eingangssignal (Gegenkopplung) lineare Messverstärker mit konstanter Übersetzung realisieren.

4.3.1 Operationsverstärker

In der Mess- und Automatisierungstechnik ist es häufig notwendig, kleine elektrische Spannungen oder Ströme zu verstärken. Eine Besonderheit dabei ist, dass Gleichgrößen und auch Differenzen von Gleichgrößen verstärkt werden müssen.
Als Grundbausteine für derartige *Messverstärker* eignen sich sog. *Operationsverstärker*, die im Wesentlichen aus Widerständen und Transistoren aufgebaut sind und als analoge integrierte Schaltungen (sog. lineare ICs) verfügbar sind (Bild 4-15), vgl. G 8.2.2.

4.3.2 Anwendung von Operationsverstärkern als reine Nullverstärker

Da die Grundverstärkung v eines unbeschalteten Operationsverstärkers endlich ist und, z. B. aufgrund

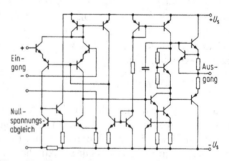

Bild 4-15. Innenschaltung eines Operationsverstärkers (TBB 741, Siemens)

von Temperaturänderungen, starken Schwankungen unterliegen kann, eignen sich Operationsverstärker grundsätzlich nur als Nullverstärker. Die Anwendung als *Vergleicher* (*Komparator*) ist sofort verständlich, da bei positiver bzw. negativer Übersteuerung die Ausgangsspannung angenähert die positive bzw. negative Versorgungsspannung erreicht. Auf diese Weise lässt sich leicht ein Grenzwertschalter aufbauen, dessen Ausgangssignal beim Über- oder Unterschreiten eines bestimmten Sollwertes den einen oder den anderen Pegel (logischen Zustand) annimmt.

Nach Bild 4-16 kann mithilfe eines Operationsverstärkers auch ein automatischer (motorischer) Abgleich einer Kompensations- oder einer Brückenschaltung durchgeführt werden.

Der Nullindikator zur Anzeige der Differenzspannung und der Mensch als Regler (a) werden dabei durch einen Operationsverstärker und einen Messmotor ersetzt (b), der den Abgriff des Potenziometers so lange verstellt, bis die Differenzspannung angenähert zu null geworden ist.

In ähnlicher Weise können Operationsverstärker zum automatischen Abgleich von Messbrücken eingesetzt werden (c). Die Stellung des Abgriffs am Potenziometer ist dabei ein Maß entweder für die unbekannte Spannung U_x(b) oder für den unbekannten Widerstand R_x(c), der wiederum zur Messung von Temperaturen als Widerstandsthermometer ausgeführt sein kann.

Nach diesem Prinzip werden *Kompensationsanzeiger*, besonders aber Kompensationsschreiber aufgebaut, bei denen die Stellung des Abgriffes am Potenziometer auf einem mit konstanter Geschwindigkeit vorbeigezogenen Registrierpapier aufgezeichnet wird.

Eine wichtige Anwendung von Operationsverstärkern besteht jedoch im Aufbau automatischer Kompensationsschaltungen (ohne Stellmotor). Durch Gegenkopplung lassen sich damit lineare Messverstärker mit konstanter Übersetzung realisieren.

4.3.3 Das Prinzip der Gegenkopplung am Beispiel des reinen Spannungsverstärkers

Ein auf Gegenkopplung beruhender Messverstärker mit Spannungseingang und Spannungsausgang besteht nach Bild 4-17 aus dem als rückwirkungsfrei ($R_e \rightarrow \infty$, $R_a = 0$) betrachteten Operationsverstärker mit der Grundverstärkung $v = U_2/U_{st}$ und einem als Gegenkopplungsnetzwerk wirkenden Spannungsteiler mit dem Teilerverhältnis $G = R_2/(R_1 + R_2)$.

Der Operationsverstärker im Vorwärtszweig mit der Grundverstärkung v vergrößert die Ausgangsspannung $U_2 = vU_{st}$ so lange, bis die vom Gegenkopplungsnetzwerk zurückgeführte Spannung

$$\frac{R_2}{R_1 + R_2}U_2$$

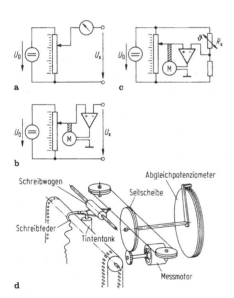

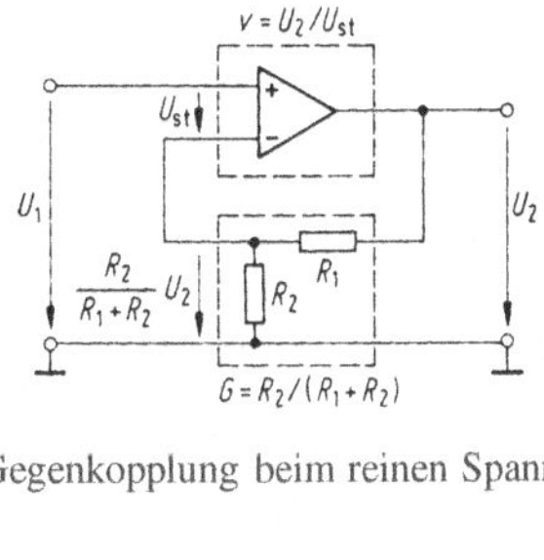

Bild 4-16. Operationsverstärker als Nullverstärker. **a** Handabgleich einer Kompensationsschaltung, **b** motorischer Abgleich einer Kompensationsschaltung, **c** motorischer Abgleich einer Brückenschaltung, **d** Prinzip des Kompensationsschreibers (Siemens)

Bild 4-17. Gegenkopplung beim reinen Spannungsverstärker

angenähert gleich der zu verstärkenden Eingangsspannung U_1 geworden ist. Da die gegengekoppelte
Spannung der Eingangsspannung entgegengeschaltet
ist, verbleibt am Eingang des Operationsverstärkers
nur die kleine Steuerspannung $U_{st} = U_2/v$

$$U_{st} = U_1 - \frac{R_2}{R_1 + R_2} U_2 = \frac{U_2}{v} \ .$$

Die Übersetzung $G = U_2/U_1$ des reinen Spannungsverstärkers ist damit

$$G = \frac{U_2}{U_1} = \frac{1}{\dfrac{R_2}{R_1 + R_2} + \dfrac{1}{v}} \ .$$

Unter der Annahme eines idealen Operationsverstärkers mit sehr hoher Grundverstärkung v

$$v \gg \frac{R_1 + R_2}{R_2}$$

ist die ideale Übersetzung

$$G_{id} = \frac{U_2}{U_1} = \frac{R_1 + R_2}{R_2} \ .$$

4.3.4 Die vier Grundschaltungen
gegengekoppelter Messverstärker

Jede der vier Grundschaltungen für gegengekoppelte Messverstärker enthält im Vorwärtszweig einen,
hier als ideal betrachteten Operationsverstärker. In der
Rückführung liegt ein Gegenkopplungsnetzwerk aus
einem oder aus zwei Widerständen, das die Spannung
(den Strom) am Ausgang in eine proportionale Spannung (einen proportionalen Strom) umformt, die (der)
der (dem) zu verstärkenden Eingangsspannung (Eingangsstrom) entgegengeschaltet wird (Bild 4-18).
Schaltung (a) ist bereits erklärt. Die ideale Übersetzung übergab sich zu

$$G_{id} = \frac{U_2}{U_1} = \frac{R_1 + R_2}{R_2} \ .$$

In Schaltung (b) fließt bei Vernachlässigung des
Steuerstromes am Eingang des Operationsverstärkers
der Ausgangsstrom I_2 durch den Gegenkopplungswi-
derstand R und erzeugt an diesem die Spannung I_2R.
Bei Vernachlässigung der Steuerspannung des
Operationsverstärkers wird die gegengekoppelte

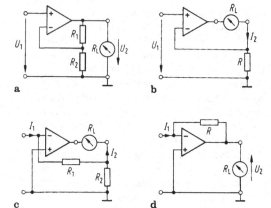

Bild 4-18. Grundschaltungen gegengekoppelter Messverstärker. **a** Reiner Spannungsverstärker, **b** Spannungsverstärker mit Stromausgang, **c** reiner Stromverstärker, **d** Stromverstärker mit Spannungsausgang

Spannung I_2R gleich der Eingangsspannung U_1.
Deshalb ist die ideale Übersetzung

$$G_{id} = \frac{I_2}{U_1} = \frac{1}{R} \ .$$

In Schaltung (c) fließt bei Vernachlässigung des
Steuerstromes am Eingang des Operationsverstärkers
der Eingangsstrom I_1 durch den Widerstand R_1 und
erzeugt an diesem die Spannung I_1R_1. Durch den
Widerstand R_2 fließt der Differenzstrom $I_2 - I_1$ und
bewirkt am Widerstand die Spannung $(I_2 - I_1)R_2$. Bei
Vernachlässigung der Steuerspannung des Operationsverstärkers sind die Spannungen an den beiden
Widerständen gleich groß. Daraus ergibt sich die
ideale Übersetzung zu

$$G_{id} = \frac{I_2}{I_1} = \frac{R_1 + R_2}{R_2} \ .$$

In Schaltung (d) fließt bei Vernachlässigung des
Steuerstromes am Eingang des Operationsverstärkers
der Eingangsstrom I_1 durch den Widerstand R
und bewirkt an diesem die Spannung I_1R. Bei
Vernachlässigung der Steuerspannung des Operationsverstärkers ist diese Spannung I_1R gleich der
Ausgangsspannung U_2. Die ideale Übersetzung ist
also

$$G_{id} = \frac{U_2}{I_1} = R \ .$$

4.4 Ausgewählte Messverstärker-Schaltungen

4.4.1 Vom Stromverstärker mit Spannungsausgang zum Invertierer

Der Stromverstärker mit Spannungsausgang in Bild 4-19a besitzt im Idealfall die Übersetzung

$$G_{id} = \frac{U_2}{I_1} = R_2 .$$

Der Eingangswiderstand R_E geht bei genügend hoher Grundverstärkung v wegen $U_{st} \to 0$ gegen 0.
Schaltet man nun – wie in Bild 4-19b gezeigt – in Serie zum invertierenden Eingang einen Widerstand R_1, so entsteht ein *Invertierer* (*Umkehrverstärker*; der Name rührt daher, dass die auf Masse bezogene Ausgangsspannung das entgegengesetzte Vorzeichen trägt wie die auf Masse bezogene Eingangsspannung). Der Eingangsstrom I_1 wird in eine proportionale Eingangsspannung $U_1 = I_1 R_1$ umgeformt, und der Invertierer hat die Übersetzung

$$G_{id} = \frac{U_2}{U_1} = \frac{U_2}{I_1 R_1} = \frac{R_2}{R_1} .$$

Der Eingangswiderstand beträgt in diesem Fall $R_E = U_1 / I_1 = R_1$ und ist also keineswegs besonders hochohmig, wie dies beim nichtinvertierenden reinen Spannungsverstärker der Fall ist. Wegen der einfachen Programmierbarkeit der Übersetzung wird diese Verstärkerschaltung jedoch gerne verwendet.
Ein *lineares Ohmmeter* entsteht, wenn die Eingangsspannung U_1 konstant gehalten wird und der Gegenkopplungswiderstand R_2 durch den zu messenden Wi-

derstand R_x ersetzt wird. Die Ausgangsspannung U_2 ist dem Widerstand R_x proportional und beträgt

$$U_2 = \frac{U_1}{R_1} R_x .$$

Der Serienwiderstand R_1 am Eingang kann zur Messbereichsumschaltung verwendet werden. Beträgt beispielsweise die Spannung $U_1 = 1$ V und soll die Ausgangsspannung U_2 im Bereich von 0 bis 1 V liegen, so ist für einen Messbereich von $R_x = (0\dots1)\,\text{k}\Omega$ ein Widerstand $R_1 = 1\,\text{k}\Omega$ erforderlich und der Messstrom beträgt $I_1 = 1$ mA. Für einen Messbereich von $R_x = (0\dots1)\,\text{M}\Omega$ muss $R_1 = 1\,\text{M}\Omega$ gewählt werden, und der Messstrom ist $I_1 = 1\,\mu\text{A}$.

4.4.2 Aktive Brückenschaltung

Ein Beispiel möge verdeutlichen, wie Operationsverstärker mit Vorteil in Brückenschaltungen eingesetzt werden können.
Bei der *aktiven Brückenschaltung* in Bild 4-20 erzwingt der Operationsverstärker in der Brückendiagonalen die Spannung null, indem er im Zweig des veränderlichen Widerstandes R_x eine Spannung U_x mit umgekehrter Polarität (für $R_x > R$) addiert. Diese Spannung U_x muss zusammen mit der Spannung an R_x gerade die halbe Versorgungsspannung der Brückenschaltung $U_0/2$ ergeben. Da der Strom im Widerstand R_x identisch mit dem Strom $U_0/2R$ in jeder der beiden Brückenhälften sein muss, ist die Spannung

$$U_x = \frac{U_0}{2R} R_x - \frac{U_0}{2} .$$

Mit $R_x = R + \Delta R$ ergibt sich

$$\frac{U_x}{U_0} = \frac{1}{2}\left(\frac{R_x}{R} - 1\right) = \frac{1}{2} \cdot \frac{\Delta R}{R} .$$

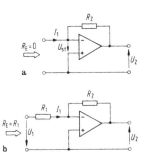

Bild 4-19. **a** Stromverstärker mit Spannungsausgang, **b** Invertierer (Umkehrverstärker)

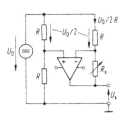

Bild 4-20. Aktive Brückenschaltung

Die Spannung U_x ist der Widerstandsänderung ΔR direkt proportional.

4.4.3 Addier- und Subtrahierverstärker

Die Addition nach Bild 4-21a beruht auf der Addition der drei Ströme I_1, I_2 und I_3 am Knotenpunkt K zum Gesamtstrom $I = I_1 + I_2 + I_3$, der vom nachfolgenden Stromverstärker mit Spannungsausgang um den Faktor R verstärkt wird, der dem Gegenkopplungswiderstand entspricht.
Da der Eingangswiderstand R_E am Stromverstärker mit Spannungsausgang wegen der Gegenkopplung gegen null geht, berechnet sich die Ausgangsspannung zu

$$U_4 = IR = \frac{R}{R_1}U_1 + \frac{R}{R_2}U_2 + \frac{R}{R_3}U_3 \, .$$

Wählt man alle Widerstände gleich, so ist die Ausgangsspannung U_4 direkt die Summe der Eingangsspannungen.
Beim *Subtrahierverstärker* nach Bild 4-21b berechnet man die Ausgangsspannung U_3 am besten durch Superposition der beiden Spannungen U_{31} und U_{32}, die sich ergeben, wenn $U_2 = 0$ bzw. wenn $U_1 = 0$ gesetzt wird. Für $U_2 = 0$ handelt es sich um einen Invertierer, und es ergibt sich

$$U_{31} = -\frac{R_2}{R_1}U_1 \, , \quad \text{wenn} \quad U_2 = 0 \, .$$

Für $U_1 = 0$ entsteht ein nichtinvertierender Verstärker mit den Gegenkopplungswiderständen R_1 und R_2, an dessen Plus-Eingang ein Spannungsteiler, bestehend aus den Widerständen R_3 und R_4 vorgeschaltet ist. Man erhält

$$U_{32} = \frac{R_4}{R_3 + R_4} \cdot \frac{R_1 + R_2}{R_1}U_2 \, , \quad \text{wenn} \quad U_1 = 0 \, .$$

Durch Superposition berechnet man die Ausgangsspannung zu

$$U_3 = U_{31} + U_{32} = \frac{R_4}{R_3 + R_4} \cdot \frac{R_1 + R_2}{R_1}U_2 - \frac{R_2}{R_1}U_1 \, .$$

Wählt man alle Widerstände gleich groß, so ergibt sich die Ausgangsspannung direkt aus der Differenz $U_3 = U_2 - U_1$.

4.4.4 Der Elektrometerverstärker (Instrumentation Amplifier)

Wird ein besonders hochohmiger Eingangswiderstand benötigt, so wurde dies früher mit Elektrometerröhren im Eingangskreis erreicht. Aus drei Operationsverstärkern aufgebaute Messverstärker mit besonders hohem Differenz-Eingangswiderstand werden deshalb noch heute gerne als Elektrometerverstärker bezeichnet (Bild 4-22).
Sind die Grundverstärkungen der verwendeten Operationsverstärker genügend hoch und deshalb die erforderlichen Steuerspannungen genügend klein, so wird die Differenz-Eingangsspannung $U_2 - U_1$ gleich der von der Ausgangsspannung U_a heruntergeteilten Spannung am Widerstand R_2:

$$U_2 - U_1 = \frac{R_2}{R_2 + 2R_1}U_a \, .$$

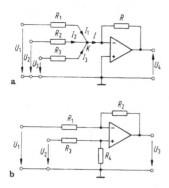

Bild 4-21. a Addierverstärker, **b** Subtrahierverstärker

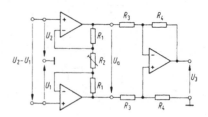

Bild 4-22. Elektrometerverstärker (Instrumentation Amplifier)

Der nachgeschaltete Subtrahierer erzeugt lediglich eine der Spannung U_a proportionale, geerdete Ausgangsspannung

$$U_3 = \frac{R_4}{R_3} U_a .$$

Die Übersetzung des Elektrometerverstärkers beträgt also

$$G_{id} = \frac{U_3}{U_2 - U_1} = \frac{R_4}{R_3} \left(1 + \frac{2R_1}{R_2} \right) .$$

Ein solcher „Instrumentierungsverstärker" ist z. B. bei der induktiven Durchflussmessung (siehe 3.4.3) sehr gut zur Messung der induzierten Spannung geeignet, da bei Flüssigkeiten mit geringer Leitfähigkeit der hohe Quellenwiderstand einen sehr hohen Eingangswiderstand des Messverstärkers erfordert.

4.4.5 Präzisionsgleichrichtung

Legt man nach Bild 4-23 an den Ausgang eines mit dem Widerstand R gegengekoppelten Spannungsverstärkers mit Stromausgang eine Diodenbrücke, die ein Drehspulmesswerk speist, so fließt durch dieses Anzeigeinstrument der gleichgerichtete Ausgangsstrom $|I_2| = |U_1|/R$.

Die Eingangsspannung U_1 wird also exakt gleichgerichtet. Den Spannungsbedarf der Dioden deckt der Operationsverstärker. Das Anzeigeinstrument hat keinen eindeutigen Bezug zum Massepotenzial; es liegt auf „schwebendem" (floating) Potenzial, man spricht auch von einer Schwebespannung. Der Eingangswiderstand ist wegen der gewählten Gegenkopplungsschaltung sehr hochohmig. Als Tiefpassfilter fungiert das Anzeigeinstrument.

4.4.6 Aktive Filter

Aktive Filter bestehen aus frequenzabhängigen Netzwerken, die Widerstände, Kapazitäten oder andere frequenzabhängige Bauelemente enthalten, die mithilfe von Operationsverstärkern rückwirkungsfrei bezüglich des Ein- und des Ausgangs betrieben werden können. Induktivitäten erheblicher Baugröße und mit nichtidealem Verhalten können vermieden werden. Hier soll nur das Prinzip aktiver Filter dargestellt werden.

Ersetzt man nach Bild 4-24a den Gegenkopplungswiderstand beim Stromverstärker mit Spannungsausgang durch einen komplexen Widerstand $\underline{Z}_2$, so ist die komplexe Übersetzung $\underline{G} = \underline{U}_2/\underline{I}_1 = \underline{Z}_2$. Legt man in Serie zum Eingang einen weiteren komplexen Widerstand $\underline{Z}_1$, so resultiert daraus ein Eingangsstrom $\underline{I}_1 = \underline{U}_1/\underline{Z}_1$. Mit der Eingangsspannung $\underline{U}_1$ ergibt sich der Frequenzgang $\underline{G}(j\omega)$ des so entstandenen aktiven Filters

$$\underline{G}(j\omega) = \frac{\underline{U}_2}{\underline{U}_1} = \frac{\underline{Z}_2}{\underline{Z}_1} .$$

Beim aktiven Tiefpassfilter 1. Ordnung nach Bild 4-24b ist $\underline{Z}_1$ durch den Widerstand R_1 ersetzt und $\underline{Z}_2$ durch die Parallelschaltung eines Widerstandes R_2 und einer Kapazität C. Der Frequenzgang $\underline{G}(j\omega)$ dieses aktiven Tiefpassfilters ist

$$\underline{G}(j\omega) = \frac{\underline{U}_2}{\underline{U}_1} = \frac{R_2}{R_1} \cdot \frac{1}{(1 + j\omega R_2 C)} .$$

Es besitzt die gleiche Frequenzabhängigkeit wie ein R_2C-Glied, hat aber bei niedrigen Frequenzen die Spannungsverstärkung R_2/R_1. Der Eingangswider-

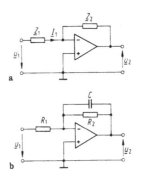

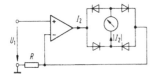

Bild 4-23. Präzisionsgleichrichtung

Bild 4-24. Aktive Filter. **a** Mit den komplexen Widerständen $\underline{Z}_1$ und $\underline{Z}_2$, **b** aktives Tiefpassfilter 1. Ordnung

stand ist konstant $R_E = R_1$, der Ausgangswiderstand geht gegen $R_A = 0$. Der Amplitudengang ist

$$|G(j\omega)| = \frac{R_2}{R_1} \cdot \frac{1}{\sqrt{1 + (\omega R_2 C)^2}}$$

$$= \frac{R_2}{R_1} \cdot \frac{1}{\sqrt{1 + (\omega/\omega_g)^2}} \ .$$

Er ist bei der Grenzkreisfrequenz $\omega_g = 1/R_2C$ auf $1/\sqrt{2}$ des Wertes bei $\omega = 0$ abgesunken und geht für hohe Kreisfrequenzen gegen null. Die Phasenverschiebung ist bei niedrigen Frequenzen null, bei der Grenzfrequenz $-45°$ und geht bei hohen Frequenzen gegen $-90°$.

Wegen des Tiefpasscharakters eignet sich dieses aktive RC-Filter zur *Mittelwertbildung* eines Eingangssignals $u_1(t)$. Die hochfrequenten Signalanteile werden wegen $\omega \gg \omega_g$ unterdrückt, und der langsam veränderliche Mittelwert wird am Ausgang ausgegeben.

4.4.7 Ladungsverstärker

Verlustarme Kapazitäten eignen sich vorzüglich zur (zeitlichen) Integration von Strömen.

Die Spannung $u(t)$ an einer Kapazität C ist

$$u(t) = \frac{1}{C}q(t) = \frac{1}{C}\int_0^t i(\tau)\,d\tau \ .$$

Um diesen Zusammenhang zur Integration anwenden zu können, muss Rückwirkungsfreiheit zwischen dem Eingangsstrom $i_1(t)$ und dem Strom $i(t)$ durch den Kondensator sowie zwischen der Ausgangsspannung $u_2(t)$ und der Spannung $u(t)$ am Kondensator gewährleistet sein. Dies geschieht nach Bild 4-25a durch einen Stromverstärker mit Spannungsausgang, bei dem der Gegenkopplungswiderstand durch die Kapazität C ersetzt ist.

Bei vernachlässigbarem Steuerstrom i_{st} und vernachlässigbarer Steuerspannung u_{st} ergibt sich wegen $i_1(t) = i(t)$ und $u_2(t) = u(t)$:

$$u_2(t) = \frac{1}{C}\int_0^t i_1(\tau)\,d\tau = \frac{1}{C}q(t) \ .$$

Die Ausgangsspannung $u_2(t)$ ist also proportional dem Integral des Eingangsstroms $i_1(t)$ und damit

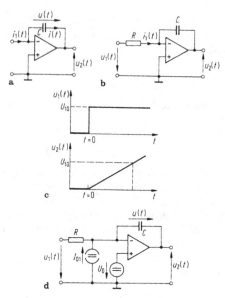

Bild 4-25. a Ladungsverstärker, **b** Integrationsverstärker, **c** Erzeugung einer Sägezahnspannung, **d** Einfluss von Nullpunktfehlergrößen

proportional der Ladung $q(t)$. Man bezeichnet diese Schaltung deshalb auch als *Ladungsverstärker*, obwohl nicht etwa die Ladung, sondern die am Ausgang verfügbare Leistung verstärkt wird. Der Eingangswiderstand beträgt im Idealfall $R_E = 0$ und der Ausgangswiderstand $R_A = 0$.

4.4.8 Integrationsverstärker für Spannungen

Zur Integration von Spannungen $u_1(t)$ wird beim Ladungsverstärker am Eingang ein Widerstand R in Serie geschaltet, und es ergibt sich ein *Integrationsverstärker* für Spannungen nach Bild 4-25b. Mit $u_1(t) = Ri_1(t)$ beträgt die Ausgangsspannung

$$u_2(t) = \frac{1}{RC}\int_0^t u_1(\tau)\,d\tau \ (+U_{20}) \ .$$

Integrationsverstärker werden zur Integration unbekannter Spannungsverläufe verwendet, wie z. B. zur Bestimmung der Flächenanteile des von einem Gaschromatografen gelieferten Messsignals, um daraus auf die verschiedenen Gaskonzentrationen schließen zu können. Andere typische Integrationsaufgaben sind die Bestimmung des magnetischen Flusses durch Integration der induzierten Spannung, die Bestimmung der Arbeit aus der Momentanleistung oder die Bestimmung von Geschwindigkeit und Weg aus der Beschleunigung (Trägheitsnavigation). Integrationsverstärker werden aber auch zur gezielten Erzeugung bestimmter Signalverläufe eingesetzt. Durch periodisch wiederholte Integration einer konstanten Eingangsspannung erhält man eine linear ansteigende Ausgangsspannung, die die Form einer Rampe besitzt und auch als Sägezahnspannung bezeichnet wird (Bild 4-25c).

Integrationsverstärker werden auch in Analog-Digital-Umsetzern zur Erzeugung von Zeiten oder Frequenzen als Zwischengrößen eingesetzt, die dann leicht digitalisiert werden können.

Ein Problem sind bei Integrationsverstärkern die *Nullpunktfehlergrößen*, die auch beim Eingangssignal Null eine Hochintegration der Ausgangsspannung bis zur Begrenzung durch eine der beiden Speisespannungen bewirken können, wenn keine geeigneten Gegenmaßnahmen getroffen werden. Mit der Nullpunktfehlerspannung U_0 und dem Nullpunktfehlerstrom I_{01} nach Bild 4-25d ergibt sich die Ausgangsspannung

$$u_2(t) = \frac{1}{RC} \int\limits_0^t u_1(\tau)\,\mathrm{d}\tau + \frac{1}{C} \int\limits_0^t I_{01}\,\mathrm{d}\tau$$

$$- \frac{1}{RC} \int\limits_0^t U_0\,\mathrm{d}\tau \; (+U_{20})\,.$$

Besonders störend ist der Anstieg der Ausgangsspannung aufgrund des Integralanteils

$$\frac{1}{C} \int\limits_0^t (I_{01} - U_0/R)\,\mathrm{d}\tau\,,$$

der bei vorgegebener Integrationszeit t nur durch kleine Nullpunktfehlergrößen klein gehalten werden kann. Große Integrationskapazitäten C verringern dabei den Einfluss des Nullpunktfehlerstromes I_{01}.

Im Dauerbetrieb ist entweder eine zyklische Rücksetzung der Spannung an der Integrationskapazität notwendig, oder es muss mit einem hochohmigen

Parallelwiderstand zur Kapazität dafür gesorgt werden, dass die durch Nullpunktfehler bedingten, extrem langsamen Aufladungen der Integrationskapazität durch mindestens ebenso große Entladeströme ausgeglichen werden.

5 Analoge Messtechnik

Analoges Messen ist immer dann zweckmäßig, wenn der Mensch in einen technischen Prozess eingebunden ist. Dies ist z. B. bei Abgleichvorgängen oder Arbeitspunkteinstellungen im Labor der Fall oder bei Nachlaufregelungen im Zusammenhang mit Fahrzeugen oder bei der optischen Überwachung von Prozessen in einer Messwarte. Immer müssen Abweichungen vom Sollwert schnell erkannt werden und zu einer entsprechenden Reaktion führen. Bei analogen Messwertausgaben werden diese Abweichungen gewöhnlich als Weg- oder Winkeldifferenzen dargestellt, da diese vom Menschen unmittelbar aufgenommen werden können.

5.1 Analoge Messwerke

Analoge Weg- oder Winkelanzeigen können aus Gleichgewichtsbedingungen für Kräfte oder Drehmomente gewonnen werden, die elektrostatisch, elektromagnetisch oder thermisch erzeugt werden.

Beispiele für Messwerke mit signalverarbeitenden Eigenschaften sind das Dreheisenmesswerk zur Effektivwertmessung, das elektrodynamische Messwerk zur Wirkleistungsmessung und das Kreuzspulmesswerk zur Widerstandsbestimmung über eine Quotientenbildung.

Eine Sonderstellung unter allen Messwerken nimmt das *lineare Drehspulmesswerk mit Außenmagnet* ein.

5.1.1 Prinzip des linearen Drehspulmesswerks

Die Wirkungsweise des Drehspulmesswerks beruht auf der selbstständigen Kompensation des durch einen proportionalen Messstrom I in einer Drehspule elektrisch erzeugten Drehmomentes M_{el} mit einem über zwei Drehfedern mechanisch erzeugten Gegendrehmoment M_{mech}, das wiederum dem Ausschlagwinkel α der Drehspule proportional ist.

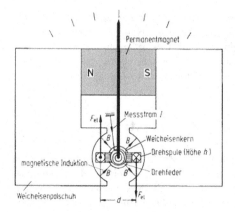

Bild 5-1. Prinzip eines linearen Drehspulmesswerks

Bei linearen Drehspulmesswerken (mit Außenmagneten) wird mithilfe eines im Magnetkreis angeordneten Permanentmagneten ein radialsymmetrisches Magnetfeld der Induktion B erzeugt. In diesem Feld können sich die Flanken einer drehbar gelagerten Spule (Drehspule) auf einer Kreisbahn bewegen (Bild 5-1). Innerhalb der Drehspule befindet sich ein Weicheisenkern, der den Luftspalt zwecks optimaler Ausnutzung des verwendeten Magneten verkleinert. Außerdem ergibt sich bei ebenfalls kreisförmig ausgebildeten Polschuhen ein etwa konstanter Luftspalt und damit näherungsweise das gewünschte radialsymmetrische Magnetfeld. Solange sich die Flanken der Drehspule im Luftspalt befinden, ist die magnetische Induktion unabhängig von der Winkelstellung der Drehspule. Bei dem Messstrom I, der magnetischen Induktion B, einer Windungszahl N der Drehspule, einem Rähmchendurchmesser d und einer Rähmchenhöhe h beträgt das elektrisch erzeugte Drehmoment

$$M_{el} = 2F_{el}\frac{d}{2} = BdhNI \ .$$

Diesem Moment entgegen wirkt das in zwei Drehfedern mit der gemeinsamen Drehfederkonstanten (Richtmoment) D mechanisch erzeugte Moment M_{mech}, das dem Ausschlagwinkel α der Drehspule und des mit ihr fest verbundenen Zeigers proportional ist:

$$M_{mech} = D\alpha \ .$$

Im eingeschwungenen Zustand errechnet sich der Skalenverlauf aus $M_{el} = M_{mech}$ zu

$$\alpha = \frac{1}{D}BdhNI \ .$$

Der Ausschlagwinkel α ist damit linear vom Messstrom I abhängig und die stationäre *Stromempfindlichkeit* ist konstant:

$$\frac{d\alpha}{dI} = \frac{BdhN}{D} \ .$$

Die Drehspule ist gewöhnlich mit lackisoliertem Kupferdraht von 0,02 bis 0,3 mm Durchmesser bewickelt. Die Wicklung wird vom Rähmchen getragen, das in der Regel aus Aluminium gefertigt ist und eine Kurzschlusswindung darstellt. Bei Bewegung des Rähmchens wird durch die im Rähmchen induzierte Spannung und dem daraus resultierenden Kurzschlussstrom ein der Winkelgeschwindigkeit proportionales Bremsmoment erzeugt, das zur Dämpfung des Einstellvorgangs benötigt wird (Induktionsdämpfung).

5.1.2 Statische Eigenschaften des linearen Drehspulmesswerks

Typische Fehlerkurven von Drehspulmesswerken, die sich als Differenz zwischen den Istwerten α_{ist} und den Sollwerten α_{soll} ergeben, sind in Bild 5-2 dargestellt. Bezieht man den *Fehler* $F = \alpha_{ist} - \alpha_{soll}$ auf den Messbereichsendwert α_0, so erhält man den dimensionslosen *relativen Fehler* F_{rel}, der unter Nennbedingungen der Einflussgrößen (z. B. der Temperatur) für alle Messströme innerhalb des Messbereiches sicher unter einer bestimmten zulässigen Grenze (z. B. 1%) bleiben muss, damit ein Messwerk einer bestimmten *Genauigkeitsklasse* (z. B. Klasse 1) zugeordnet werden kann. Als Genauigkeitsklassen sind für Betriebsmessinstrumente die Klassen 1, 1,5, 2,5 und 5 üblich. Der *Einflusseffekt* darf einen zusätzlichen, der jeweiligen Klasse entsprechenden Fehler verursachen, wenn sich dabei die jeweilige Einflussgröße nur innerhalb festgelegter Grenzen ändert. Bei der Verwendung eines Drehspulmesswerks als *Spannungsmessgerät* muss die Temperaturabhängigkeit des Innenwiderstandes der Drehspulwicklung aus

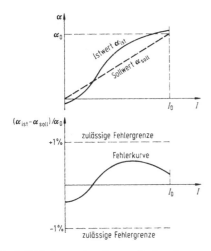

Bild 5-2. Fehlerkurve eines linearen Drehspulmesswerks

Kupfer berücksichtigt werden. Näherungsweise genügt häufig die Berücksichtigung des linearen Temperaturkoeffizienten α, bei einer Übertemperatur ϑ gegenüber der Bezugstemperatur ϑ_0:

$$R_i(\vartheta) = R_{i0}[1 + \alpha(\vartheta - \vartheta_0)] \, .$$

Der Innenwiderstand bei Bezugstemperatur ϑ_0 beträgt dabei $R_i(\vartheta_0) = R_{i0}$ und der Temperaturkoeffizient α liegt für Kupfer bei etwas über $4 \cdot 10^{-3}/\mathrm{K}$.

Der Temperatureinfluss kann bei Spannungsmessgeräten durch Serienschaltung eines größeren temperaturunabhängigen Widerstandes verkleinert werden. Besonders für kleine Spannungsbereiche kann ein Vorwiderstand mit negativem Temperaturkoeffizienten den Temperatureinfluss in einem begrenzten Temperaturbereich näherungsweise aufheben, ohne den Gesamtwiderstand wesentlich zu erhöhen.

5.2 Funktionsbildung und Verknüpfung mit Messwerken

Verschiedene Aufgaben der Messsignalverarbeitung können mit anderen Messwerkstypen, z. B. mit Kreuzspulmesswerken oder mit elektrodynamischen Messwerken gelöst werden. Neben der Bestimmung von Mittelwerten von Wechsel- und Mischgrößen ist auf diese Weise die Quotientenbildung zur Widerstandsmessung, die Produktbildung

zur Leistungsmessung oder die Integralbildung zur Energiemessung möglich.

Bestimmte Messwerkstypen werden überwiegend aus wirtschaftlichen Gründen oder wegen ihrer geringen Baugröße eingesetzt. So besitzen z. B. Kernmagnetmesswerke eine besonders kompakte Bauform, weisen aber gewöhnlich einen nichtlinearen Skalenverlauf auf.

5.2.1 Kernmagnetmesswerk mit radialem Sinusfeld

Beim Kernmagnetmesswerk mit radialem Sinusfeld beträgt nach Bild 5-3a die magnetische Induktion B am Ort der Drehspulflanke

$$B = B_0 \cos(\alpha - \beta) \, .$$

Dabei bedeutet B_0 die maximale magnetische Induktion in Magnetisierungsrichtung des Kernes, α den Ausschlagwinkel und β den Magnetisierungswinkel zwischen der Ruhelage der Rähmchenflanke und der Magnetisierungsrichtung. Das elektrisch erzeugte Drehmoment M_{el} ist der wirksamen magnetischen Induktion B und dem Spulenstrom I proportional und ist gleich dem mechanischen Gegendrehmoment M_{mech}, das wiederum dem Ausschlagwinkel α proportional ist. Der Skalenverlauf folgt daher der Beziehung

$$I = \frac{k\alpha}{\cos(\alpha - \beta)} \, ,$$

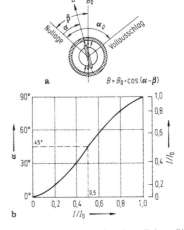

Bild 5-3. Kernmagnetmesswerk mit radialem Sinusfeld. a Prinzip, b Skalenverlauf für $\beta = 3\alpha_0/4$

wobei k eine Konstante ist. Der Skalenverlauf lässt sich durch den Magnetisierungswinkel β beeinflussen. Fordert man z. B. $I = I_0/2$ für $\alpha = \alpha_0/2$, so erhält man unter Berücksichtigung von $I = I_0$ für $\alpha = \alpha_0$

$$\cos(\alpha_0 - \beta) = \cos(\alpha_0/2 - \beta) , \ \beta = 3\alpha_0/4 .$$

Unter dieser Annahme und mit $\alpha_0 = 90°$ ergibt sich der in Bild 5-3b gezeichnete Skalenverlauf.

5.2.2 Quotientenbestimmung mit Kreuzspulmesswerken

Bei Kreuzspulmesswerken werden in den beiden unter dem Kreuzungswinkel 2δ fest miteinander verbundenen Drehspulen elektrisch zwei entgegengerichtete Drehmomente erzeugt, die im Gleichgewichtsfall gleich sind. Eine richtkraftlose Aufhängung ist möglich, da kein mechanisches Gegendrehmoment benötigt wird. Der radiale Verlauf des Permanentmagnetfeldes muss jedoch unsymmetrisch sein, damit bestimmten Werten für den Quotienten der beiden Ströme I_1 und I_2 durch die beiden gekreuzten Spulen definierte Ausschlagwinkel α zugeordnet werden können. Wegen der einfachen Konstruktion werden gerne Kreuzspulmesswerke mit Kernmagnet nach Bild 5-4a verwendet.

Die Drehmomente in den beiden Spulen gleicher Windungsflächen sind den jeweiligen Strömen I_1 und I_2, den jeweiligen Windungszahlen N_1 und N_2 und der am Ort der jeweiligen Spulenflanke herrschenden Induktion $B_0 \cos(\alpha - \delta)$ bzw. $B_0 \cos(\alpha + \delta)$ proportional. Der Skalenverlauf folgt wegen des sinusförmigen Feldverlaufs der Beziehung

$$\frac{I_1 N_1}{I_2 N_2} = \frac{\cos(\alpha - \delta)}{\cos(\alpha + \delta)} .$$

 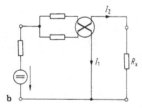

a 2δ b

Bild 5-4. Kreuzspulmesswerk. **a** Prinzip des Kreuzspulmesswerks mit Kernmagnet, **b** Messschaltung für Widerstandsmessungen mit Kreuzspulmesswerk

Damit besteht ein eindeutiger Zusammenhang zwischen dem Winkel α und dem Quotienten I_1/I_2 der Spulenströme. Kreuzspulmesswerke sind daher besonders für Widerstandsmessungen geeignet.

Bei den Messschaltungen zur Widerstandsmessung mit Kreuzspulmesswerken nach Bild 5-4b sorgt man dafür, dass die Ströme I_1 und I_2 durch die beiden Spulen angenähert proportional der Spannung am bzw. dem Strom durch den zu messenden Widerstand R_x sind.

Der Ausschlagwinkel α des Kreuzspulmesswerks ist dann näherungsweise unabhängig von der Versorgungsspannung der Messschaltungen, weil bei einer Änderung der Quotient konstant bleibt.

5.2.3 Bildung von linearen Mittelwerten und Extremwerten

Linearer Mittelwert

Das dynamische Verhalten vieler Messwerke entspricht dem eines Messgliedes 2. Ordnung mit (gerade noch) schwingender Einstellung. Ändert sich der Messstrom nur langsam, dann ist die Anzeige proportional dem Messstrom. Bei hoher Frequenz des Messstromes geht die Anzeige gegen null. Ist einem Messstrom $i(t)$ mit dem Gleichanteil I_- ein höherfrequenter Messstrom $I_\sim = I_0 \sin \omega t$ (Wechselanteil) überlagert, so wird aufgrund des dynamischen Verhaltens der lineare Mittelwert

$$\bar{i} = \frac{1}{T} \int_0^T i(t) \, \mathrm{d}t$$

angezeigt, der durch Integration über die Dauer T einer Periode bestimmt werden kann. Verzögernde Messglieder wirken wie Tiefpassfilter. Sind z. B. einem Gleichsignal störende netzfrequente Wechselanteile mit Frequenzen von 50 Hz, 150 Hz, usw. überlagert, so werden diese Störanteile von den üblichen Messwerken herausgefiltert, da sie den linearen Mittelwert anzeigen.

Gleichrichtwert

Wechselströme und Wechselspannungen werden entweder aus dem quadratischen Mittelwert (Effektivwert) oder aus dem nach Gleichrichtung erhaltenen

Mittelwert, dem sog. Gleichrichtwert, bestimmt. Der Gleichrichtwert $|\overline{i}|$ eines Stromes $i(t)$ ist

$$|\overline{i}| = \frac{1}{T} \int_0^T |i(t)| \, dt$$

und berechnet sich für sinusförmige Wechselströme $i(t) = I_0 \sin \omega t$ zu

$$|\overline{i}| = \frac{2}{T} \int_0^{T/2} I_0 \sin \omega t \, dt = \frac{2}{\pi} I_0$$

$$= \frac{2\sqrt{2}}{\pi} I_{\text{eff}} = 0{,}9003 \, I_{\text{eff}} \,.$$

In Bild 5-5 sind verschiedene Gleichrichterschaltungen dargestellt.
Unter der Annahme idealer Gleichrichter (Durchlasswiderstand gleich null, Sperrwiderstand unendlich) wird mit den Zweiweggleichrichterschaltungen und einem mittelwertanzeigenden Messwerk der Gleichrichtwert gebildet. Bei den Einweggleichrichterschaltungen erhält man bei reinen Wechselgrößen den halben Gleichrichtwert.
Die Brückenschaltung in (a) wird auch als Graetzschaltung bezeichnet. In der Schaltung (b) sind zwei Dioden durch Widerstände ersetzt. Die reale, gekrümmte Diodenkennlinie wirkt sich hier nur einmal aus, und ein Teil des Messstromes fließt nicht durch das Messwerk. Bei der Mittelpunktschaltung (c) ist eine Mittelanzapfung der Sekundärwicklung des Wandlers notwendig. Der Einweggleichrichter in (d) ist nur für Spannungsgleichrichtung und der in (e) nur für Stromgleichrichtung geeignet; in dieser Schaltung muss auch bei umgekehrter Polarität Stromfluss möglich sein.

Spitzenwertgleichrichtung

Bei Spitzenwertgleichrichtung wird eine Kapazität über eine Diode auf den positiven oder negativen Extremwert einer Wechselspannung aufgeladen, bei sinusförmiger Wechselspannung im Idealfall auf den Scheitelwert U_0 (Bild 5-6a).
Bei realen Gleichrichterdioden ist der erhaltene Spitzenwert mindestens um die minimale Durchlassspannung der Diode vermindert. Außerdem sinkt bei Belastung der Kapazität C mit einem Lastwiderstand R die Spannung innerhalb einer Periode exponentiell um einen Anteil $\Delta U/U_0$ ab, der durch die Zeitkonstante RC und die Periodendauer T des Messsignals gegeben ist (Bild 5-6b). Für $T \ll RC$ gilt

$$\frac{\Delta U}{U_0} = \frac{U_0 - U}{U_0} = 1 - \frac{U}{U_0} = 1 - e^{-T/RC} \approx \frac{T}{RC} \,.$$

Bei einer Frequenz von 10 kHz ($T = 0{,}1$ ms) und einer Zeitkonstanten von $RC = 100$ k$\Omega \cdot 100$ nF = 10 ms ergibt sich für die Restwelligkeit $\Delta U/U_0 = 1\%$.
Die sog. Schwingungsbreite (Schwankung) einer Wechselspannung kann mit der Greinacherschaltung nach Bild 5-6c bestimmt werden, die bei sinusförmigen Wechselspannungen im Idealfall zu einer Verdoppelung des Scheitelwerts auf den Wert $2U_0$ führt. Spitzenwertgleichrichtung wird besonders bei höheren Frequenzen angewendet.

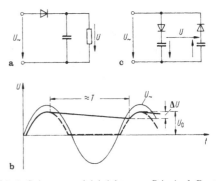

Bild 5-6. Spitzenwertgleichrichtung. **a** Prinzip, **b** Restwelligkeit, **c** Greinacherschaltung (Spitze-Spitze-Wert)

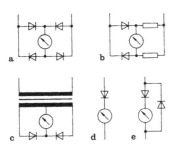

Bild 5-5. Gleichrichterschaltungen. **a** bis **c** Zweiweggleichrichterschaltungen, **d** und **e** Einweggleichrichterschaltungen

5.2.4 Bildung von quadratischen Mittelwerten

Der quadratische Mittelwert (Effektivwert) I eines zeitlich veränderlichen, periodischen Stromes $i(t)$ ist als der Strom definiert, der in einem Widerstand R während der Dauer einer Periode T die gleiche Energie umsetzt wie der periodische Strom. Für den Effektivwert erhält man daraus

$$I = \sqrt{\frac{1}{T} \int_0^T i^2(t)\,\mathrm{d}t} \; .$$

Für einen sinusförmigen Wechselstrom $i(t) = I_0 \sin \omega t$ ergibt sich für den Effektivwert $I = I_0/\sqrt{2}$. Will man mit Messinstrumenten, die den Gleichrichtwert bilden, den Effektivwert I anzeigen, dann muss der Gleichrichtwert $\overline{|i|}$ mit dem *Formfaktor* $F_g = I/\overline{|i|}$ multipliziert werden. Der Formfaktor hängt von der Kurvenform der Wechselgröße ab. Bei sinusförmigen Wechselgrößen ist

$$F_g = \frac{I}{\overline{|i|}} = \frac{\pi}{2\sqrt{2}} \approx 1{,}111 \; .$$

In Effektivwerten geeichte Messgeräte mit linearer Mittelwertgleichrichtung zeigen also bei Gleichgrößen um 11,1% zu viel an, da der Formfaktor der Gleichgrößen gleich eins ist.

Effektivwertmessung mit Thermoumformern

Bei Thermoumformern wird die Übertemperatur $\Delta\vartheta$ eines vom Messstrom $i(t)$ durchflossenen Heizleiters mit einem Thermoelement (siehe 3.5.3) und einem nachgeschalteten Drehspulinstrument gemessen. Wesentlich ist dabei, dass die Übertemperatur $\Delta\vartheta$ näherungsweise der Joule'schen Wärme $I^2 R$ proportional und die Thermospannung des Thermoelements ebenfalls näherungsweise dieser Übertemperatur proportional ist. Die Ausgangsspannung eines Thermoumformers ist also der Leistung und damit dem Quadrat des Effektivwertes des Messstromes proportional. Thermoumformer eignen sich bis zu sehr hohen Frequenzen zur Leistungs- bzw. Effektivwertmessung. Sie sind leider nur wenig überlastbar.

Effektivwertmessung mit Dreheisenmesswerken

Zur Anzeige von Effektivwerten bei Netzfrequenz werden in Schaltwarten bis heute gerne Dreheisenmesswerke verwendet. Das für didaktische Zwecke gerne benutzte translatorische Prinzip, bei dem ein Eisenstab in eine stromdurchflossene Spule gezogen wird, ist in der Praxis durch eine rotatorische Anordnung ersetzt. In dem in Bild 5-7a dargestellten Mantelkern-Dreheisenmesswerk magnetisiert die vom Messstrom durchflossene Rundspule ein festes und ein beweglich mit der Drehachse verbundenes zylinderförmiges Eisenteil.

Aufgrund der gleichnamigen Magnetisierung stoßen die beiden Eisenteile einander ab und erzeugen so ein Drehmoment, das mit dem mechanischen winkelproportionalen Gegendrehmoment im Gleichgewicht steht. Zur Dämpfung des Messwerkes verwendet man bevorzugt eine Luftdämpfung.

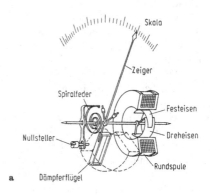

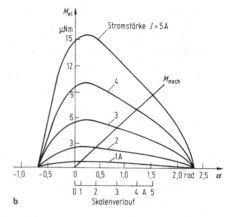

Bild 5-7. Dreheisen-Messwerk. **a** Mantelkern-Dreheisenmesswerk (Hartmann & Braun), **b** Typische Drehmomentkurve (Palm)

Das elektrisch erzeugte Drehmoment lässt sich durch Differenziation der Energie E nach dem Ausschlagwinkel α berechnen. Die gespeicherte magnetische Energie ist

$$E_{\mathrm{mag}} = \frac{1}{2}LI^2 \; .$$

Dabei ist I der Messstrom und L die Selbstinduktivität des Messwerks. Das elektrisch erzeugte Drehmoment M_{el} ist bei konstantem Strom I abhängig vom Ausschlagwinkel α

$$M_{\mathrm{el}} = \frac{\mathrm{d}E_{\mathrm{mag}}}{\mathrm{d}\alpha} = \frac{1}{2} \cdot \frac{\mathrm{d}L}{\mathrm{d}\alpha}I^2$$

und steht mit dem mechanischen Gegendrehmoment

$$M_{\mathrm{mech}} = D\alpha$$

im Gleichgewicht.
Mit der Drehfederkonstanten D ergibt sich für den Skalenverlauf

$$\alpha = \frac{1}{2D} \cdot \frac{\mathrm{d}L}{\mathrm{d}\alpha}I^2 \; .$$

Der Skalenverlauf hängt also vom Quadrat des Stromes und vom Verlauf $\mathrm{d}L/\mathrm{d}\alpha$ der Selbstinduktivität des Messwerks ab. Bei linearem Induktivitätszuwachs ergibt sich ein quadratischer Skalenverlauf, bei ungefähr logarithmischem Induktivitätszuwachs ergibt sich ein näherungsweise linearer Skalenverlauf (Bild 5-7b).
Dreheisenmesswerke werden bevorzugt zur Effektivwertmessung von Strömen oder Spannungen bei niedrigen Frequenzen eingesetzt, sind aber auch für Gleichgrößenmessung geeignet. Der Eigenverbrauch liegt bei Strommessung bei mindestens 0,1 VA, bei Spannungsmessung wegen des notwendigen hohen, temperaturunabhängigen Vorwiderstandes bei mindestens 1 VA. Bei Spannungsmessern kann man den Frequenzfehler bis etwa 500 Hz durch einen geeignet dimensionierten Parallelkondensator zum Vorwiderstand kompensieren.

5.2.5 Multiplikation mit elektrodynamischen Messwerken

Zur Bestimmung der Wirkleistung in Wechselstromnetzen werden in Warten bevorzugt elektrodynamische Messwerke eingesetzt. Sie ähneln in ihrem Aufbau einem Drehspulmesswerk mit Außenmagnet (siehe 5.1.1), wobei der Permanentmagnet durch einen Elektromagneten ersetzt ist.

Prinzip der Leistungsmessung mit elektrodynamischen Messwerken

Die in einem komplexen Verbraucher $\underline{Z}$ umgesetzte Momentanleistung $p(t)$ berechnet sich aus der sinusförmigen Spannung $u(t) = U_0 \sin \omega t$ und dem phasenverschobenen sinusförmigen Strom $i(t) = I_0 \sin(\omega t + \varphi)$ zu

$$p(t) = u(t)\,i(t) = U_0 \sin \omega t\, I_0 \sin(\omega t + \varphi) \; .$$

Mit der Formel

$$\sin \alpha \sin \beta = \frac{1}{2}[\cos(\alpha - \beta) - \cos(\alpha + \beta)]$$

wird die *Momentanleistung*

$$p(t) = \frac{1}{2}U_0 I_0 [\cos \varphi - \cos(2\omega t + \varphi)] \; .$$

Der in der Momentanleistung enthaltene Gleichanteil ist die im Verbraucher umgesetzte Wirkleistung

$$P_{\mathrm{w}} = \frac{1}{2}U_0 I_0 \cos \varphi = UI \cos \varphi \; .$$

Der überlagerte Wechselanteil stellt eine mit der doppelten Frequenz pulsierende Leistung dar. Bei linearer Mittelwertbildung der Momentanleistung $p(t)$ ergibt sich also die Wirkleistung P_{w}.
Schickt man durch die Drehspule eines elektrodynamischen Messwerkes einen Strom i_{D}, der der Spannung $u(t)$ am Verbraucher und durch die Feldspule einen Strom i_{F}, der dem Strom $i(t)$ durch den Verbraucher proportional ist, so ist die Anzeige des mittelwertbildenden Messwerks der Wirkleistung proportional:

$$\alpha \sim \frac{1}{T} \int_0^T i_{\mathrm{D}} i_{\mathrm{F}}\, \mathrm{d}t \sim \frac{1}{T} \int_0^T u(t)\,i(t)\, \mathrm{d}t = P_{\mathrm{w}} \; ,$$

$$P_{\mathrm{w}} = UI \cos \varphi \sim \alpha \; .$$

Bei einem Phasenwinkel $\varphi = 90°$ zwischen Spannung und Strom ist die von einem elektrodynamischen Messwerk angezeigte Wirkleistung null, da wegen fehlender Wirkwiderstände nur Blindleistung pendeln kann.

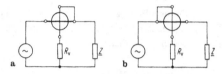

Bild 5-8. Wirkleistungsmessung mit elektrodynamischen Messwerken. a Spannungsrichtige Verbraucherleistungsmessung, b stromrichtige Verbraucherleistungsmessung

Messschaltungen zur Leistungsmessung

Bei den in Bild 5-8 dargestellten Messschaltungen zur Bestimmung einer Leistung müssen die Vorwiderstände R_v so ausgelegt werden, dass bei Nennspannung der Strom in der Drehspule einen bestimmten Nennwert nicht überschreitet.

Außerdem muss der Vorwiderstand R_v im Spannungspfad so angeordnet werden, dass zwischen Feld-(Strom-) und Dreh-(Spannungs-)spule möglichst keine Potenzialdifferenz entsteht, die zu Isolationsproblemen führen könnte.

Mit Messschaltung (a) ist spannungsrichtige Verbraucherleistungsmessung oder aber stromrichtige Quellenleistungsmessung möglich. Bei Messschaltung (b) wird die Verbraucherleistung stromrichtig, die Quellenleistung jedoch spannungsrichtig gemessen.

Leistungsmessung in Netzen

Zur Anpassung an die unterschiedlichen Nennströme und Nennspannungen werden Spannungs- und Stromwandler eingesetzt, die gleichzeitig eine galvanische Trennung vom Netz bewirken.

In symmetrisch belasteten Drehstromnetzen braucht nur die Leistung einer Phase gemessen und mal drei genommen zu werden.

Bei einem Dreileiternetz wird der fehlende Sternpunkt mithilfe dreier Widerstände künstlich gebildet. Bei einem beliebig belasteten Dreileiternetz genügen zwei Messwerke zur Bestimmung der Gesamtleistung, wenn die beiden mit der 3. Phase verketteten Spannungen an die jeweiligen Spannungspfade angeschlossen werden (Aron-Schaltung). Die komplexe Gesamtleistung $\underline{P}$

$$\underline{P} = \underline{U}_\text{R0}\underline{I}_\text{R} + \underline{U}_\text{S0}\underline{I}_\text{S} + \underline{U}_\text{T0}\underline{I}_\text{T}$$

kann nämlich wegen $\underline{I}_\text{S} = -(\underline{I}_\text{R} + \underline{I}_\text{T})$ in

$$\underline{P} = (\underline{U}_\text{R0} - \underline{U}_\text{S0})\underline{I}_\text{R} + (\underline{U}_\text{T0} - \underline{U}_\text{S0})\underline{I}_\text{T}$$
$$= \underline{U}_\text{RS}\underline{I}_\text{R} + \underline{U}_\text{TS}\underline{I}_\text{T}$$

umgeformt werden.

Blindleistungsmessungen sind in Drehstromnetzen vergleichsweise einfach möglich, wenn bei symmetrischen Spannungsverhältnissen an den Spannungspfad eines wirkleistungsmessenden elektrodynamischen Messwerks statt der Phasenspannung die um 90° verschobene verkettete Spannung zwischen den beiden anderen Phasen angelegt wird. Bei der Auswertung sind die Teilleistungen dann aber durch $\sqrt{3}$ zu dividieren.

5.2.6 Integralwertbestimmung mit Induktionszählern

Durch zeitliche Integration der an einen Verbraucher abgegebenen Wirkleistung $P_\text{w}(t)$ lässt sich die während der Zeit t_1 bis t_2 verbrauchte Energie bestimmen:

$$E = \int_{t_1}^{t_2} P_\text{w}(t)\, \text{d}t \,.$$

Bei dem in Bild 5-9 skizzierten Induktionszähler wirkt auf eine drehbar gelagerte Aluminiumscheibe parallel zur Lagerachse ein von einer Spannungsspule erzeugter magnetischer Fluss $\varPhi_\text{U}$ und ein von einer Stromspule erzeugter Fluss $\varPhi_\text{I}$.

Die in der Scheibe induzierten Spannungen bewirken Wirbelströme in der Scheibe. Das elektromagnetisch erzeugte Moment M_el ergibt sich aus der Kraftwirkung der beiden Flüsse $\varPhi_\text{U}$ und $\varPhi_\text{I}$ mit den jeweils

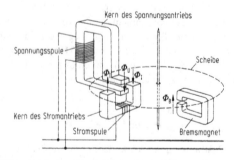

Bild 5-9. Prinzip eines Induktionszählers (Pflier)

vom anderen Fluss erzeugten Wirbelströmen. Das resultierende Drehmoment M_{el} ist der Netzfrequenz f, den Flüssen Φ_U und Φ_I und dem Sinus des Phasenwinkels zwischen den beiden Flüssen proportional:

$$M_{el} \sim f \Phi_U \Phi_I \sin \sphericalangle (\Phi_U, \Phi_I) \,.$$

Um ein der Wirkleistung P_w proportionales Drehmoment

$$M_{el} \sim P_w = UI \cos \varphi$$

zu erzielen, muss der Stromfluss Φ_I dem Strom I proportional sein. Der den Spannungsfluss Φ_U erzeugende Strom durch die Spannungsquelle muss dem Betrage nach der Spannung U proportional sein, in der Phase jedoch um 90° gegenüber der Spannung U verschoben sein, was bei einer Drosselspule in etwa gegeben ist. Bei rein Ohm'schem Verbraucher muss also der Fluss Φ_U gegenüber dem Fluss Φ_I um genau 90° verschoben sein (90°-Abgleich).

Da außerdem auf die Scheibe über einen Permanentmagneten ein der Winkelgeschwindigkeit ω_S der Scheibe proportionales Bremsmoment $M_b \sim \omega_S$ ausgeübt wird, stellt sich die momentane Winkelgeschwindigkeit $\omega_S(t)$ der Scheibe proportional zur momentanen Wirkleistung $P_w(t)$ ein:

$$\omega_S(t) \sim P_w(t) \,.$$

Die über ein mechanisches Untersetzungsgetriebe erhaltene Zahl N der Umdrehungen wird bei den in Haushalten üblichen Ein- und Dreiphasen-Induktionszählern mit einem mechanischen Zählwerk gezählt und ist dem während der Zeitdauer $t_2 - t_1$ erhaltenen Integral über die Winkelgeschwindigkeit $\omega_S(t)$ der Scheibe proportional:

$$N = k_1 \int_{t_1}^{t_2} \omega_S(t) \, \mathrm{d}t = k_2 \int_{t_1}^{t_2} P_w(t) \, \mathrm{d}t \,.$$

5.3 Prinzip und Anwendung des Elektronenstrahloszilloskops

Das Elektronenstrahloszilloskop, das klassische analoge elektronische Messgerät in Labor und Prüffeld, gestattet die Darstellung einer oder mehrerer Messgrößen in Abhängigkeit einer anderen Größe auf einem flächenförmigen Bildschirm. Besonders geeignet

ist ein gewöhnliches *analoges* Oszilloskop zur Darstellung periodischer Signalverläufe, da durch messsignalgesteuerte Auslösung (*Triggerung*) der Ablenkung des Elektronenstrahls ein *stehendes Schirmbild* erzielt werden kann.

Seit der Markteinführung der ersten digitalen Echtzeit-Oszilloskope im Jahre 1998 ist der Marktanteil reiner Analogoszilloskope auf nur noch einige Prozent zurückgegangen (leichtere Speicherung, Weiterverarbeitung und Analyse digitaler Daten sowie Rekonfigurierbarkeit durch Software). Dennoch sollen im Folgenden die analogen Prinzipien vorgestellt werden, weil sie das Verständnis für das Oszilloskop als Messgerät erleichtern, gleichgültig ob es analog oder digital realisiert wird. Die besten Oszilloskope erreichen heute Bandbreiten von über 15 GHz.

5.3.1 Elektronenstrahlröhre. Ablenkempfindlichkeit

Das Herz eines Oszilloskops stellt die Elektronenstrahlröhre dar, deren prinzipieller Aufbau in Bild 5-10 angegeben ist.

Von einer meist indirekt geheizten Kathode werden Elektronen emittiert und in Richtung der positiven Anode beschleunigt, an der eine Spannung von einigen kV gegenüber der Kathode anliegt. Die Intensität des Elektronenstroms kann durch die Steuerelektrode, den negativ geladenen Wehneltzylinder, gesteuert werden. So ist es z. B. möglich, den Elek-

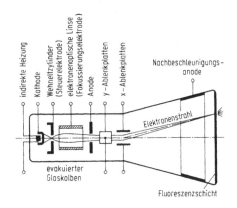

Bild 5-10. Prinzipieller Aufbau einer Elektronenstrahlröhre

tronenstrahl zu bestimmten Zeiten dunkel zu steuern. Die Linsenelektrode dient zur Fokussierung des Elektronenstrahls auf dem fluoreszierenden Bildschirm. Dadurch wird ein scharfer Leuchtpunkt bzw. eine scharfe Leuchtspur erreicht. Die Ablenkung des Elektronenstrahls erfolgt elektrostatisch über die x- und y-Ablenkplatten, die an den Ablenkspannungen U_x und U_y liegen.

Berechnung der Ablenkempfindlichkeit
(Bild 5-11)
Die von der Kathode emittierten Elektronen mit der Elementarladung e und der Ruhemasse m_e werden durch die Anodenspannung U_z auf die Geschwindigkeit v_z beschleunigt.
Da die kinetische Energie jedes Elektrons gleich der längs des Weges geleisteten Arbeit ist, ergibt sich

$$\frac{m_e}{2} v_z^2 = e \, U_z \, .$$

Daraus berechnet man mit $e = 1{,}602 \cdot 10^{-19}\,\text{A s}$ und $m_e = 9{,}109 \cdot 10^{-31}\,\text{kg}$ die Geschwindigkeit

$$v_z = \sqrt{\frac{2e}{m_e} U_z} = \sqrt{U_z/\text{V}} \cdot 593\,\text{km/s} \, .$$

Im Bereich der Ablenkplatten wirkt wegen der Feldstärke $E_y = U_y/d$ auf die Elektronen die Kraft $F = eE_y$, die gleich dem Produkt aus Masse m_e und Beschleunigung a_y ist:

$$F = eE_y = m_e a_y \, .$$

Mit der Verweilzeit $t = l/v_z$ ist die Geschwindigkeit in y-Richtung nach Verlassen der Ablenkplatten

$$v_y = a_y t = \frac{e}{m_e} \cdot \frac{U_y}{d} \cdot \frac{l}{v_z^2} \, .$$

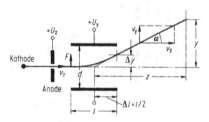

Bild 5-11. Elektrostatische Ablenkung des Elektronenstrahls

Der Tangens des Ablenkwinkels α ist damit

$$\tan \alpha = \frac{v_y}{v_z} = \frac{e}{m_e} \cdot \frac{U_y}{d} \cdot \frac{l}{v_z^2} \, .$$

Setzt man $v_z^2 = (2e/m_e)U_z$ ein, so wird

$$\tan \alpha = \frac{l}{2d} \cdot \frac{U_y}{U_z} \, .$$

Mit der Auslenkung y, dem Abstand z der Platten vom Bildschirm und mit $y = z \tan \alpha$ ist die Ablenkempfindlichkeit E_y

$$E_y = \frac{y}{U_y} = \frac{zl}{2d} \cdot \frac{1}{U_z} \, .$$

Als Kenngröße ist jedoch der Reziprokwert der Ablenkempfindlichkeit, der sog. *Ablenkkoeffizient*

$$k_y = \frac{1}{E_y} = \frac{U_y}{y} \, ,$$

genormt.

5.3.2 Darstellung des zeitlichen Verlaufs periodischer Messsignale

Zur Darstellung des zeitlichen Verlaufs $y(t)$ eines periodischen Messsignals auf einem Oszilloskop wird zunächst ein steuerbarer Zeitablenkgenerator als Zeitbasis benötigt, der – ausgehend von einer negativen Anfangsspannung – eine linear mit der Zeit ansteigende Sägezahnspannung für die x-Ablenkplatten liefert. Das Messsignal selbst wird an die y-Ablenkplatten gelegt. Das *entstehende Schirmbild* lässt sich nach Bild 5-12 aus dem zeitlichen Verlauf der Messsignalspannung $y(t)$ – im Beispiel sinusförmig – und aus der Sägezahnspannung $x(t)$ konstruieren.
Durch die vom Messsignal $y(t)$ gesteuerte Auslösung des Zeitablenkgenerators ergibt sich ein stehendes Schirmbild. Im einfachsten Fall erhält man aus der vertikalen Auslenkung y und dem Ablenkkoeffizienten k_y (in V/cm) die Amplitude

$$U_y = k_y y$$

und aus dem horizontalen Abstand Δx und dem Zeitkoeffizienten k_t (in s/cm) die Periodendauer T des Messsignals entsprechend

$$T = \Delta t = k_t \Delta x \, .$$

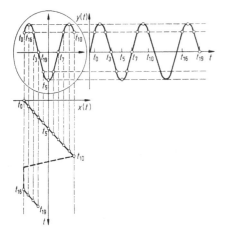

Bild 5-12. Darstellung eines zeitlichen Verlaufs auf dem Bildschirm

Der *Zeitablenkgenerator* besteht im Prinzip aus einem Integrationsverstärker, dessen Kapazität zu Beginn des Ablenkvorgangs negativ aufgeladen ist und dessen Ausgangsspannung bei konstantem negativen Eingangsstrom linear ansteigt.

Die *Auslösung oder Triggerung* des Zeitablenkgenerators erfolgt im Regelfall durch das Messsignal, wenn dieses einen bestimmten einstellbaren Pegel bei einer bestimmten Flanke erreicht.

5.3.3 Blockschaltbild eines Oszilloskops in Standardausführung

Das Blockschaltbild eines typischen Oszilloskops ist in Bild 5-13 dargestellt.

Über je einen *Vorverstärker*, einen elektronischen Umschalter und einen y-Endverstärker gelangen die Messsignale $y_1(t)$ und $y_2(t)$ an die y-Ablenkplatten der Elektronenstrahlröhre. Die breitbandigen Vorverstärker mit einem Frequenzbereich von 0 bis etwa 20 (50) MHz (Grenzfrequenz) sind im Nullpunkt und in der Verstärkung einstellbar. *Ablenkkoeffizienten* bis herab zu etwa 5 mV/cm sind üblich.

Im y,t-Betrieb kann die *Triggerung* entweder extern oder über eines der beiden Messsignale erfolgen. Bei fehlendem Triggersignal kann durch Freilauf des Zeitablenkgenerators die Nulllinie geschrieben werden. An der Triggereinrichtung sind der Signalpegel und die Signalflanke einstellbar.

Besonders bei der Messung kurzer Anstiegszeiten ist eine einstellbare *Verzögerungszeit* für die Zeitablenkung von Vorteil. Bis kurz vor der ansteigenden Flanke eines Messsignals kann die Ablenkung verzögert und dann mit höherer Ablenkgeschwindigkeit dessen Anstiegsflanke, über den ganzen Bildschirm gedehnt, dargestellt werden.

Der Elektronenstrahl kann bei Bedarf über eine negative Spannung am Wehneltzylinder dunkelgesteuert werden. Diese *Dunkelsteuerung* erfolgt immer dann, wenn der Elektronenstrahl am rechten Rand des Schirmes angelangt ist und an den linken Rand zurückgesetzt wird. Eine Dunkelsteuerung kann auch über einen getrennten Eingang, den sog. z-Eingang erfolgen. Mithilfe dieser z-Modulation können bestimmte Amplituden oder Zeitmarken eingeblendet werden.

Die *Umschaltung* zwischen den beiden Messsignalen am y-Eingang erfolgt entweder alternierend oder

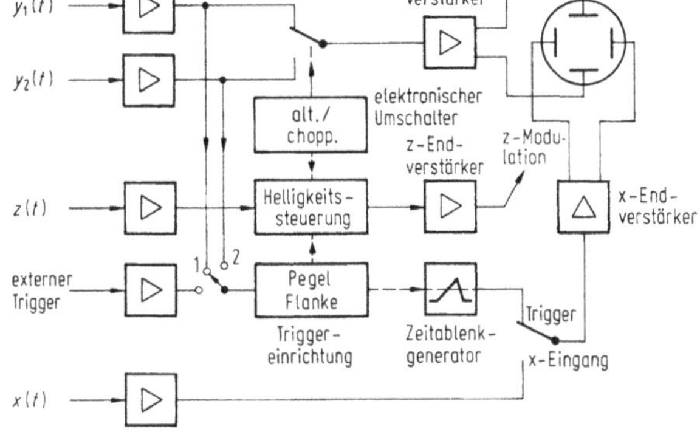

Bild 5-13. Blockschaltbild eines Oszilloskops in Standardausführung

mit einer Rechteckfrequenz („Chopperfrequenz") von etwa 1 MHz. Im alternierenden Betrieb steuert der Zeitablenkgenerator den Umschalter, wobei abwechselnd jedes der beiden Messsignale für einen Durchlauf durchgeschaltet wird. Schließlich kann die x-Ablenkung statt vom Zeitablenkgenerator auch über einen getrennten Eingang mit eigenem Vorverstärker angesteuert werden. Man spricht dann von einem x,y-Betrieb.

5.3.4 Anwendung eines Oszilloskops im x,y-Betrieb

Im x,y-Betrieb sind eine Vielzahl von Anwendungen möglich. Hier soll auf die Darstellung von Spannungs-Strom-Kennlinien eingegangen werden. Für die Darstellung der *Spannungs-Strom-Kennlinie* eines nichtlinearen, passiven Zweipols muss nach Bild 5-14 eine Wechselspannung an die Serienschaltung eines Ohm'schen Widerstandes und des Zweipols gelegt werden.

Die Spannung am Zweipol, z. B. einer Testdiode, wird an den x-Eingang und die Spannung am Widerstand an den y-Eingang gelegt. Da die Spannung am Widerstand dem Strom proportional ist, entsteht ein Schirmbild, das die Spannungs-Strom-Kennlinie des Zweipols darstellt. Die Kennlinie wird dabei mit der Frequenz der speisenden Wechselspannung durchfahren. Für ein stehendes Bild sind Frequenzen von mindestens etwa 25 Hz notwendig. Für didaktische Zwecke kann die Kennlinie langsam, z. B. mit 1 Hz durchfahren werden.

Probleme machen die fast immer vorhandenen Bezugspotenziale, häufig das sog. Massepotenzial. Sind die Eingänge am Oszilloskop nicht massefrei, so muss eine massefreie Wechselspannung zur Ansteuerung verwendet werden. Die Verbindung von Widerstand und nichtlinearem Zweipol kann

dann an Masse gelegt werden. Will man die aus dieser Schaltung resultierende Spiegelung der *U,I*-Kennlinie um die vertikale Stromachse vermeiden, so muss zusätzlich ein Umkehrverstärker (Invertierer) eingesetzt werden.

5.3.5 Frequenzkompensierter Eingangsteiler

Der Anschluss eines Messobjekts geschieht häufig über einen Tastteiler, der dieses mit dem Eingangsverstärker eines Oszillografen verbindet. Die Vorverstärker am Eingang eines Oszillografen besitzen eine Eingangsimpedanz, die durch die Parallelschaltung eines Widerstandes R_2 und einer Kapazität C_2 beschrieben werden kann (typische Werte: 1 MΩ, 27 pF). Der Tastteiler enthält nach Bild 5-15a einen Teilerwiderstand R_1 und eine einstellbare Kapazität C_1.

Durch geeigneten Abgleich der Kapazität C_1 entsteht ein frequenzkompensierter Tastteiler mit erhöhtem Eingangswiderstand R_{res} und erniedrigter Eingangskapazität C_{res}, wie dies bei vielen Messaufgaben wünschenswert ist. Der komplexe Teilerfaktor ist

$$\underline{t} = \frac{\underline{U}_1}{\underline{U}_2} = 1 + \frac{R_1}{R_2} \cdot \frac{1 + j\omega R_2 C_2}{1 + j\omega R_1 C_1} \; .$$

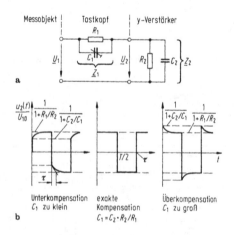

a

b

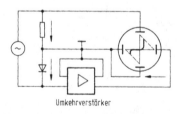

Bild 5-14. Darstellung von Spannungs-Strom-Kennlinien

Bild 5-15. Frequenzkompensation des Eingangsteilers. **a** Ersatzschaltung eines Tastteilers am Verstärkereingang, **b** Unterkompensation, Kompensation und Überkompensation

Bei gleichen Zeitkonstanten, $R_1C_1 = R_2C_2$, wird der Teilerfaktor frequenzunabhängig:

$$t = \frac{\underline{U}_1}{\underline{U}_2} = 1 + \frac{R_1}{R_2} = 1 + \frac{C_2}{C_1}.$$

Der erhöhte Eingangswiderstand R_{res} und die erniedrigte Eingangskapazität C_{res} sind im Falle der Frequenzkompensation

$$R_{res} = R_1 + R_2 = tR_2 \, , C_{res} = \frac{C_1C_2}{C_1 + C_2} = \frac{C_2}{t}.$$

Bei einem Eingangswiderstand $R_2 = 1\,M\Omega$, einer Eingangskapazität $C_2 = 27\,pF$ und einem reellen Teilerfaktor $t = 10$ betragen der resultierende Eingangswiderstand $R_{res} = 10\,M\Omega$ und die resultierende Eingangskapazität $C_{res} = 2{,}7\,pF$.
Der Abgleich des Tastteilers kann am besten durch eine Rechteckspannung überprüft werden.
Bei Frequenzkompensation erscheint am Bildschirm eine saubere Rechteckspannung. Nach Bild 5-15b ergeben sich bei abweichender Kapazität C_1 Abweichungen von der Rechteckform. Man spricht dann von Unterkompensation bzw. Überkompensation.
Im ersten Augenblick sind nur die Kapazitäten wirksam, und das Spannungsverhältnis $u_2(0)/U_{10}$ hat den gleichen Wert wie bei sehr hohen Frequenzen, nämlich $C_1/(C_1 + C_2)$.
Im eingeschwungenen Zustand sind nur die Widerstände wirksam und das Spannungsverhältnis $u_2(T/2)/U_{10}$ hat den gleichen Wert wie bei niedrigen Frequenzen, nämlich $R_2/(R_1 + R_2)$.
Für den frequenzkompensierten Zustand $R_1/C_1 = R_2C_2$ sind beide Spannungsverhältnisse gleich.
Die Periodendauer des Testrechtecksignals soll so groß sein, dass der eingeschwungene Zustand während jeder Halbperiode praktisch erreicht wird. Dies ist etwa bei Frequenzen unter 5 kHz der Fall.

6 Digitale Messtechnik

Wichtige Gründe für die Bedeutung der digitalen Messtechnik sind die kostengünstige Verfügbarkeit der Mikrorechner sowie damit verbunden die der digitalen Messsignalverarbeitung.

Digitale Messsignale besitzen außerdem Vorteile im Hinblick auf die Störsicherheit der Signalübertragung und die Einfachheit der galvanischen Trennung.

6.1 Quantisierung und digitale Signaldarstellung

6.1.1 Informationsverlust durch Quantisierung

Im Gegensatz zur analogen Signaldarstellung, bei der die Messgrößen auf stetige Messsignale abgebildet werden, sind bei der digitalen Messsignaldarstellung nur diskrete Messsignale vorhanden, die durch Abtastung, Quantisierung und Codierung erhalten werden. Bei der Quantisierung ist ein Informationsverlust unvermeidlich. Die sinnvolle Quantisierung hängt von der Art des physikalischen Messsignals und von der vorgesehenen Anwendung ab. Bei akustischen Signalen bietet sich z. B. eine *ungleichförmige* Quantisierung an. Durch logarithmische Quantisierung wird z. B. vermieden, dass sehr kleine Messsignale im sog. Quantisierungsrauschen untergehen (Anwendung beim Kompander). Die Quantisierung bei gleichförmiger Quantisierung wird i. Allg. so gewählt, dass sie in etwa dem zulässigen Fehler des Messsignals entspricht. Dadurch wird sichergestellt, dass weder durch übermäßige Quantisierung eine zu hohe Genauigkeit vorgetäuscht wird, noch durch zu geringe Quantisierung die vorhandene Genauigkeit des Messgrößenaufnehmers verschenkt wird.
In Bild 6-1a ist eine Quantisierungskennlinie für 8 Quantisierungsstufen dargestellt. Bild 6-1b zeigt den Quantisierungsfehler, der gleich der Differenz von digitalem Istwert (Treppenkurve) und linear verlaufendem Sollwert ist. Er springt an den Sprungstellen von $-0{,}5$ auf $+0{,}5$ und sinkt dann wieder linear auf den Wert $-0{,}5$ ab, wo die nächste Sprungstelle ist.
Der mit der Quantisierung verbundene Informationsverlust ist deutlich in Bild 6-1c zu erkennen, da sämtlichen Analogwerten A im Bereich

$$N - 0{,}5 < A \leqq N + 0{,}5$$

der eine diskrete Wert $D = N$ zugeordnet ist.

6.1.2 Der relative Quantisierungsfehler

Im einfachsten Fall werden den bei der Quantisierung erhaltenen diskreten Quantisierungsstufen (posi-

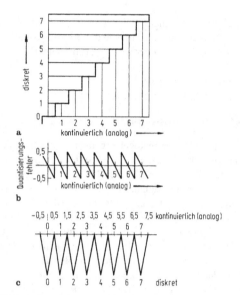

Bild 6-1. Quantisierung. a Kennlinie, b Quantisierungsfehler, c Informationsverlust

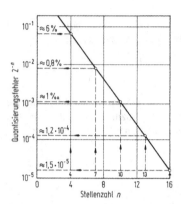

Bild 6-2. Relativer Quantisierungsfehler abhängig von der Stellenzahl

tive ganze n-stellige) Dualzahlen zugeordnet, für die gilt

$$N = \sum_{i=0}^{n-1} a_i \cdot 2^i .$$

(Weitere Codes zur Zahlendarstellung siehe J 4.1.)
Mit einer n-stelligen Dualzahl lassen sich die Werte 0 bis $2^n - 1$ darstellen, die Anzahl der darstellbaren Werte ist also 2^n. Die Koeffizienten a_i sind binäre Größen, die also nur die Werte 0 oder 1 annehmen können. Der größtmögliche Informationsgehalt H einer n-stelligen Dualzahl ist

$$H = \text{ld } 2^n = n \text{ Sh} .$$

Die Wortlänge (Stellenzahl) eines binären Datenworts wird häufig in der Einheit Bit als die Zahl der Binärstellen angegeben. Eine einzelne Binärstelle wird ebenfalls als Bit (binary digit) bezeichnet. Ein Datenwort mit einer Wortlänge von 8 Bit nennt man ein Byte. Ein Speicher mit einer Kapazität von 1 Kbyte (Kilobyte) kann $2^{10} = 1024$ Datenworte zu 8 Bit speichern.
Setzt man bei ganzen Dualzahlen den Quantisierungsfehler gleich eins, so ist der *relative Quantisierungsfehler* bei Bezug auf den Codeumfang von 2^n

$$F_{\text{q rel}} = 2^{-n} .$$

Abhängig von der Stellenzahl n ist in Bild 6-2 der relative Quantisierungsfehler aufgetragen. Bei einem 10-stelligen Digitalsignal liegt der Quantisierungsfehler von $2^{-10} = 1/1024$ also bereits unter 1 ‰.

6.2 Abtasttheorem und Abtastfehler

6.2.1 Das Shannon'sche Abtasttheorem

Ein kontinuierliches, analoges Messsignal $x(t)$, dessen Funktionswerte für negative Zeiten verschwinden, besitzt das komplexe Spektrum $X(j\omega)$, das sich mithilfe der Fourier-Transformation (vgl. A 23.1) zu

$$X(j\omega) = \int_0^\infty x(t)e^{-j\omega t}dt$$

berechnen lässt.
Wird das Signal $x(t)$ nach Bild 6-3a zu äquidistanten Zeiten $t = nT_0$ ($n = 0, 1, \ldots$) abgetastet, so erhält man eine Folge $x(nT_0)$ von Messwerten.
Mit der Abtastperiode T_0, der Kreisfrequenz ω und der differenziellen Abtastdauer τ ergibt sich das Differenzial $dX_n(j\omega)$ und das Spektrum $X_n(j\omega)$ des abgetasteten Signals zu

$$dX_n(j\omega) = x(nT_0)e^{-j\omega nT_0}\tau ,$$

$$X_n(j\omega) = \tau \sum_{n=0}^\infty x(nT_0)e^{-j\omega nT_0} .$$

Für ein auf $f < f_\mathrm{m}$ frequenzbandbegrenztes Signal ist der Betrag $|X_n(\mathrm{j}\omega)|$ des Spektrums des abgetasteten Signals in Bild 6-3b dargestellt. Das Spektrum des zeitdiskreten Signals ist periodisch. Der spektrale Periodenabstand ist dabei gleich der Abtastfrequenz $f_0 = 1/T_0 = \omega_0/2\pi$.

Das Spektrum $X_n(\mathrm{j}\omega)$ ist im Bereich $-f_\mathrm{m} \leqq f \leqq f_\mathrm{m}$ identisch mit dem Spektrum $X(\mathrm{j}\omega)$ des kontinuierlichen Analogsignals. Wenn sich also die Teilspektren von $X_n(\mathrm{j}\omega)$ nicht überlappen, dann kann durch ideale Tiefpassfilterung ohne Informationsverlust das kontinuierliche Signal $x(t)$ wiedergewonnen werden.

Das *Shannon'sche Abtasttheorem* besagt daher, dass die halbe Abtastfrequenz $f_0/2$ größer sein muss als die höchste im Signal enthaltene (nicht: gewünschte!) Frequenz f_m, damit der Verlauf eines Signals aus den Abtastwerten (im Idealfall vollständig) rekonstruiert werden kann. Für die Abtastfrequenz muss also gelten:

$$f_0 > 2f_\mathrm{m}\ .$$

Um bei überlappenden Teilspektren eine Mehrdeutigkeit zu vermeiden, muss gegebenenfalls ein analoges sog. Antialiasing-Filter vorgeschaltet werden, das Signalanteile mit Frequenzen $f \geqq f_0/2$ ausfiltert (sperrt).

6.2.2 Frequenzgang bei Extrapolation nullter Ordnung

Die vollständige Rekonstruktion eines bandbegrenzten Signals aus den Abtastwerten ist entsprechend dem Abtasttheorem mit einem idealen Rechteckfilter möglich, das zum Abtastzeitpunkt nT_0 den Wert 1 und zu allen anderen Abtastzeitpunkten den Wert 0 liefert. Im Regelfall begnügt man sich mit einem einfachen *Abtast- und Haltekreis* nach Bild 6-4a, bei dem der abgetastete Wert bis zur nächsten Abtastung beibehalten wird. Man spricht deshalb auch von einer Extrapolation nullter Ordnung.

Das Spektrum $Y(\mathrm{j}\omega)$ des Ausgangssignals $y(t)$ des Abtast- und Haltekreises berechnet sich durch Summation der Teilintegrale im jeweiligen Definitionsbereich $nT_0 \leqq t < (n+1)T_0$ zu

$$Y(\mathrm{j}\omega) = \int_0^\infty y(t)\mathrm{e}^{-\mathrm{j}\omega t}\mathrm{d}t = \sum_{n=0}^\infty \int_{nT_0}^{(n+1)T_0} x(nT_0)\mathrm{e}^{-\mathrm{j}\omega t}\mathrm{d}t\ .$$

Die Lösung des Integrals liefert zunächst

$$Y(\mathrm{j}\omega) = \sum_{n=0}^\infty x(nT_0)\frac{1}{-\mathrm{j}\omega}[\mathrm{e}^{-\mathrm{j}\omega t}]_{nT_0}^{(n+1)T_0}$$

$$= \sum_{n=0}^\infty x(nT_0)\mathrm{e}^{-\mathrm{j}\omega nT_0}\frac{1 - \mathrm{e}^{-\mathrm{j}\omega T_0}}{\mathrm{j}\omega}$$

$$= \sum_{n=0}^\infty x(nT_0)\mathrm{e}^{-\mathrm{j}\omega nT_0}\mathrm{e}^{-\mathrm{j}\omega T_0/2}T_0\mathrm{si}(\omega T_0/2)$$

mit $\mathrm{si}(x) = \sin(x)/x$. Dabei wurde Gebrauch gemacht von $\mathrm{e}^{\mathrm{j}\varphi} - \mathrm{e}^{-\mathrm{j}\varphi} = 2\mathrm{j}\sin\varphi$.

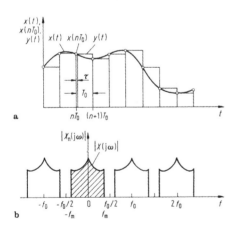

Bild 6-3. a Abtastung eines Messsignals $x(t)$ zu den Zeiten nT_0, **b** Spektrum $|X(\mathrm{j}\omega)|$ eines frequenzbandbegrenzten, abgetasteten Messsignals

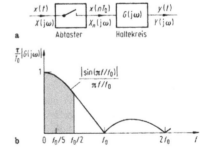

Bild 6-4. a Abtast- und Haltekreis, **b** Amplitudengang eines Haltekreises

Der Frequenzgang eines Haltekreises ergibt sich nach Division durch das oben berechnete Spektrum $X_n(j\omega)$ zu

$$G(j\omega) = \frac{Y(j\omega)}{X_n(j\omega)} = \frac{T_0}{\tau} \cdot \text{si}(\omega T_0/2) e^{-j\omega T_0/2} .$$

Mit $\omega T_0/2 = \pi f/f_0$ ergibt sich der Amplitudengang zu

$$|G(j\omega)| = \frac{T_0}{\tau} \cdot \text{si}(\pi f/f_0) .$$

In Bild 6-4b ist der Frequenzbereich $0 \leqq f < f_0/2$, in dem das Abtasttheorem erfüllt ist, gestrichelt dargestellt.

6.2.3 Abtastfehler eines Haltekreises

Der relative Abtastfehler F_{rel} eines Abtastkreises beträgt

$$F_{\text{rel}} = \text{si}(\pi f/f_0) - 1 .$$

Dabei wurde für den Istwert die Funktion $\text{si}(\pi f/f_0)$ und für den Sollwert der Wert 1 eingesetzt, der sich bei der Frequenz $f = 0$ ergibt. Nach Reihenentwicklung ergibt sich der Abtastfehler

$$F_{\text{rel}} = -\frac{(\pi f/f_0)^2}{3!} + \frac{(\pi f/f_0)^4}{5!} - \cdots$$

Für Frequenzen unter etwa $0,2 f_0$ genügt es, nur das erste Glied dieser Reihe zu berücksichtigen, da das zweite Glied mit weniger als 2% zum Abtastfehler beiträgt wegen

$$F_{\text{rel}} = -\frac{(\pi f/f_0)^2}{6} \cdot \left(1 - \frac{(\pi f/f_0)^2}{20} + \cdots\right) .$$

Bei einem zulässigen relativen Fehler F_{rel} ergibt sich die maximale Frequenz f_{m} als Funktion der Abtastfrequenz f_0 zu

$$f_{\text{m}} = \frac{1}{\pi} \sqrt{6(-F_{\text{rel}})} \, f_0 .$$

Das Frequenzverhältnis f_{m}/f_0 ist in Bild 6-5 abhängig von F_{rel} aufgetragen.

Bei 5 Abtastungen pro Periode der höchsten Messsignalfrequenz ($f_0 = 5 f_{\text{m}}$) ist der relative Abtastfehler betragsmäßig noch 6,6%. Soll der zulässige Abtastfehler jedoch nur 1% oder 0,01% betragen, so sind 12,8 bzw. 128 Abtastungen pro Periode der höchsten Messsignalfrequenz erforderlich.

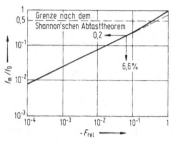

Bild 6-5. Bezogene Maximalfrequenz f_{m}/f_0 als Funktion des zulässigen relativen Fehlers F_{rel} bei einem Haltekreis

6.3 Digitale Zeit- und Frequenzmessung

Der Übergang von der analogen zur digitalen Signalstruktur erfordert prinzipiell eine Quantisierung mithilfe von Komparatoren oder Schmitt-Triggern (Grundschaltungen siehe G 25).

6.3.1 Prinzip der digitalen Zeit- und Frequenzmessung

Bei der *digitalen Zeitmessung* werden die von einem Signal bekannter Frequenz während der unbekannten Zeit in einen Zähler einlaufenden Impulse gezählt. Bei der *digitalen Frequenzmessung* werden umgekehrt die während einer bekannten Zeit von dem Signal unbekannter Frequenz herrührenden Impulse gezählt. Nach Bild 6-6a gelangen Zählimpulse vom Frequenzeingang zum Impulszähler, solange durch eine logische Eins am Zeiteingang das UND-Gatter freigeschaltet ist.

Im Ablaufdiagramm nach Bild 6-6b sind die Start- und Stoppsignale im Abstand t am Eingang des Flipflops, das Zeitsignal mit der Zeitdauer t am Ausgang des Flipflops, das Frequenzsignal mit der Frequenz f bzw. der Periodendauer $1/f$ und die begrenzte Impulsfolge am Ausgang des UND-Gatters, die in den Impulszähler einläuft, dargestellt. Schmale Impulse des Frequenzsignals vorausgesetzt, ist bei beliebiger Lage des Startzeitpunktes die Zeitdauer

$$t = N\frac{1}{f} + (t_1 - t_2) = N_{\text{soll}}\frac{1}{f} .$$

Dabei ist N die ganzzahlige Impulszahl der begrenzten Impulsfolge, die in den Zähler einläuft, $1/f$ die Periodendauer des Frequenzsignals sowie t_1 und t_2 die

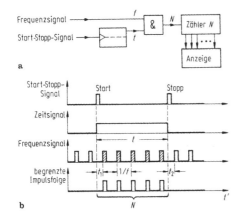

Bild 6-6. Prinzip der digitalen Zeit- und Frequenzmessung.
a Blockschaltbild, b Ablaufdiagramm

kleinen Restzeiten zwischen Startsignal bzw. Stoppsignal und dem nächstliegenden Impuls des Frequenzsignals. Der Sollwert N_soll ist eine rationale Zahl, die angibt, wie oft die Periodendauer $1/f$ in der Messzeit t enthalten ist. Durch Multiplikation mit der Frequenz f erhält man die Beziehung

$$ft = N + f(t_1 - t_2) = N_\mathrm{soll} .$$

Für große Messzeiten $t \gg t_1 - t_2$ ergibt sich der Zählerstand

$$N = ft .$$

Der absolute Quantisierungsfehler ist

$$F_\mathrm{q} = N - N_\mathrm{soll} = f(t_2 - t_1) .$$

Da der Betrag von $t_2 - t_1$ die reziproke Frequenz $1/f$ nicht überschreiten kann, kann der Betrag des Quantisierungsfehlers eins nicht überschreiten:

$$|F_\mathrm{q}| \leqq 1 .$$

Ist die Zeitdauer t zufällig ein ganzzahliges Vielfaches der reziproken Frequenz $1/f$, so sind die Restzeiten gleich groß $(t_1 = t_2)$ und der Quantisierungsfehler – unabhängig vom Startzeitpunkt – gleich null. Bei gleichverteiltem Startzeitpunkt beträgt für $t_1 > t_2$ die Wahrscheinlichkeit P, dass statt N der Wert $N + 1$ ausgegeben wird

$$P = (t_1 - t_2)f = ft - N .$$

Beobachtet man also beispielsweise Zählerstände $N + 1$ mit der Wahrscheinlichkeit P und Zählerstände N mit der Wahrscheinlichkeit $1 - P$, so ist bei einer genügenden Zahl von Beobachtungen der Sollwert

$$N_\mathrm{soll} = N + P .$$

6.3.2 Der Quarzoszillator

Die Genauigkeit einer digitalen Zeit- oder Frequenzmessung hängt außer vom Quantisierungsfehler im Wesentlichen von der Genauigkeit der verwendeten Referenzfrequenz bzw. Referenzzeit ab. Ohne Berücksichtigung des Quantisierungsfehlers ist der Zählerstand $N = ft$ sowohl der Messzeit als auch der Messfrequenz proportional. Bei der digitalen Zeitmessung muss also die Referenzfrequenz f und bei der digitalen Frequenzmessung die Referenzzeit t konstant gehalten werden. Dies wird in beiden Fällen durch einen Quarzoszillator geleistet, an dessen Frequenzkonstanz hohe Anforderungen gestellt werden müssen.

Relative Frequenzabweichungen von weniger als 10^{-4} sind mit einfachsten Mitteln, Abweichungen von weniger als 10^{-8} noch mit vertretbarem Aufwand (Thermostatisierung) erreichbar. Typische Werte für relative Frequenzabweichungen liegen zwischen 10^{-6} und 10^{-5}.

Von besonderer Bedeutung für die Frequenzkonstanz des Quarzes ist dessen *Temperaturgang*. Die relativen Frequenzabweichungen $\Delta f/f$ lassen sich in ihrer Abhängigkeit von der Temperatur mit guter Näherung durch Polynome 2. oder 3. Grades beschreiben:

$$\frac{\Delta f}{f} = a(\vartheta - \vartheta_0) + b(\vartheta - \vartheta_0)^2 + c(\vartheta - \vartheta_0)^3 .$$

Dabei ist ϑ die Temperatur und ϑ_0 die Temperatur, bei der der Quarz abgeglichen wurde; a, b und c sind der lineare, quadratische bzw. kubische Temperaturkoeffizient.

Das Schaltzeichen eines Schwingquarzes (a) und ein typischer Temperaturgang der Resonanzfrequenz für AT-Schnitte (b) sind in Bild 6-7 angegeben. Abweichungen vom Schnittwinkel $\Theta \approx 35°$ führen zu unterschiedlichen Maxima und Minima im Temperaturgang. Dadurch lassen sich bei einem gegebenen

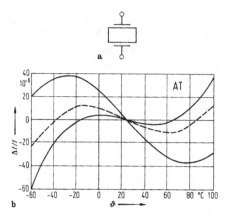

Bild 6-7. Schwingquarz. **a** Schaltzeichen, **b** Temperaturgang der Resonanzfrequenz

Temperaturbereich die Frequenzabweichungen minimieren. Die gestrichelte Kurve stellt den sog. optimalen AT-Schnitt dar, bei dem von −50 °C bis +100 °C die Frequenzabweichungen unter ±12 · 10^{-6} bleiben.

6.3.3 Digitale Zeitmessung

Bei der digitalen Zeitmessung werden nach Bild 6-8a die von der bekannten Frequenz f_{ref}/N_f während der zu messenden Zeit t_x in einen Zähler einlaufenden Impulse gezählt.
Die zu messende Zeit ist

$$t_x = \frac{N_f}{f_{ref}} N \ .$$

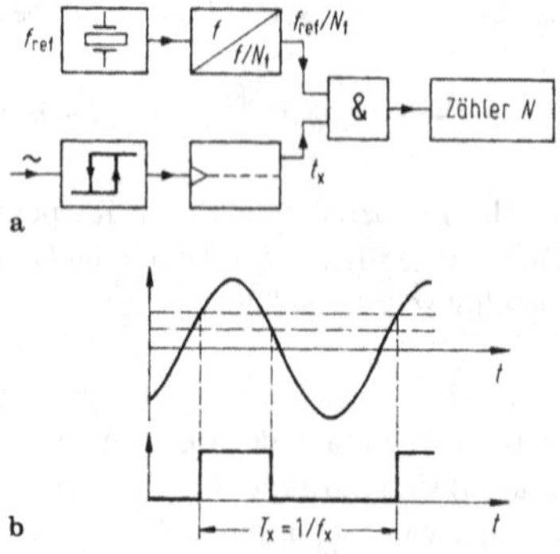

a

b $T_x = 1/f_x$

Bild 6-8. Digitale Zeitmessung. **a** Blockschaltbild, **b** Impulsformung bei Periodendauermessung

Die erreichbare Zeitauflösung hängt von der Quarzfrequenz ab und ist z. B. bei f_{ref} = 10 MHz und N_f = 1 gleich $1/f_{ref}$ = 0,1 µs.
Zur Messung längerer Zeiten wird dem Quarzoszillator ein digitaler Frequenzteiler mit dem ganzzahligen Teilerfaktor N_f nachgeschaltet. Bei Quarzuhren verwendet man z. B. einen Biegeschwinger-Quarz (Stimmgabelquarz) mit 32 768 Hz. Nach Frequenzteilung um den Faktor $N_f = 2^{15}$ = 32 768 ergibt sich eine Referenzfrequenz von 1 Hz, die zu der gewünschten Auflösung von 1 s führt.
Fordert man für eine Quarzuhr einen zulässigen Fehler von weniger als 1 Sekunde pro Tag, so entspricht dem ein mittlerer relativer Fehler der Quarzfrequenz von

$$\left|\frac{\Delta f}{f}\right| \leqq \frac{1\,\text{s}}{1\,\text{d}} = \frac{1}{86\,400} \approx 10^{-5} \ .$$

Ein relativer Fehler von 10^{-5} darf dann also nicht überschritten werden, was durch die Unmöglichkeit einer Thermostatisierung erschwert ist.
Zur digitalen Messung der Periodendauer eines Signals wird dieses nach Bild 6-8b zunächst über einen Schmitt-Trigger in ein Rechtecksignal umgeformt und dann wie bei der Differenzzeitmessung zur Bildung des Start- und des Stoppsignals benutzt. Kleine Frequenzen werden bevorzugt über die Periodendauer gemessen, um eine kleine Messzeit zu erhalten.

6.3.4 Digitale Frequenzmessung

Bei der digitalen Frequenzmessung werden nach Bild 6-9 die von einer unbekannten Frequenz f_x während der bekannten Zeit t_T (Torzeit) in einen Zähler einlaufenden N Impulse gezählt.
Die Torzeit t_T ist dabei identisch mit der Periodendauer der Frequenz, die durch digitale Teilung der

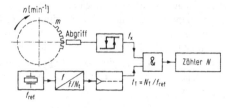

Bild 6-9. Digitale Frequenzmessung (Blockschaltbild)

Quarzfrequenz f_{ref} durch den Faktor N_T entsteht. Mit $t_T = N_T / f_{ref}$ ergibt sich für die unbekannte Frequenz

$$f_x = \frac{N}{t_T} = \frac{f_{ref}}{N_T} N \, .$$

Die erreichbare Frequenzauflösung hängt von der Torzeit (Messzeit) t_T ab. Oft ist aus dynamischen Gründen die Torzeit auf 1 s oder 10 s begrenzt. Die Frequenzauflösung ist dann 1 Hz bzw. 0,1 Hz.

Zur Messung von Frequenzen über 10 MHz bis in den GHz-Bereich kann die Messfrequenz mithilfe eines schnellen Teilers, z. B. in ECL-Technologie (emitter-coupled logic), in einen Frequenzbereich herabgeteilt werden, der mit der herkömmlichen Technologie beherrscht wird (5 bis 10 MHz).

Digitale Drehzahlmessung

Wichtig ist die digitale Frequenzmessung bei der digitalen Drehzahlmessung (vgl. 3.2.8). Auf einer mit der Drehzahl n (in U/min) rotierenden Messwelle sind m Marken gleichmäßig am Umfang verteilt. Über einen geeigneten Abgriff (z. B. optisch, magnetisch, induktiv oder durch Induktion) wird ein elektrisches Signal erzeugt, dessen Frequenz f_x nach Impulsformung ausgewertet werden kann. Diese Zählfrequenz f_x beträgt

$$f_x = m f_D = \frac{mn}{60} \, .$$

Dabei bedeutet f_D die Drehfrequenz der Welle in Hz, die sich aus der Drehzahl n in U/min durch Division durch den Faktor 60 ergibt. Der Zusammenhang zwischen Zählerstand N und Drehzahl n in U/min berechnet sich aus

$$f_x = \frac{N}{t_T} = \frac{mn}{60} \, .$$

Der Zählerstand N ergibt sich damit zu

$$N = \frac{m t_T}{60} n \, .$$

Drehzahl n und Zählerstand N stimmen also zahlenmäßig überein, wenn der Faktor

$$\frac{m}{60} t_T = 10^i \quad (i = 0, 1, \dots)$$

einen dekadischen Wert einnimmt. Da bei Universalzählern Torzeiten t_T von 0,1, 1 und 10 s üblich

sind, ergibt sich bei einer Markenzahl m von 600, 60 bzw. 6 Marken am Umfang ein der Drehzahl n in U/min zahlenmäßig entsprechender Zählerstand N. Bei $m = 1000$ oder 100 Marken am Umfang ist eine Torzeit t_T von 60 ms bzw. 600 ms notwendig.

6.3.5 Auflösung und Messzeit bei der Periodendauer- bzw. Frequenzmessung

Unter der Annahme einer Quarz-Referenzfrequenz von 10 MHz sollen die bei der Periodendauer- bzw. Frequenzmessung sich ergebenden Quantisierungsfehler und die zugehörigen Messzeiten bestimmt und miteinander verglichen werden.

Bei der digitalen *Periodendauermessung* beträgt der relative Quantisierungsfehler

$$\frac{1}{N} = \frac{1}{f_{ref} T_x} = \frac{f_x}{f_{ref}} \, .$$

In Bild 6-10 ist dieser relative Quantisierungsfehler $1/N$ abhängig von der Messfrequenz f_x im doppeltlogarithmischen Maßstab aufgetragen. Die Messzeit ist identisch mit einer Periode $T_x = 1/f_x$ der Messfrequenz.

Bei der digitalen *Frequenzmessung* ist der relative Quantisierungsfehler

$$\frac{1}{N} = \frac{1}{f_x t_T} \, .$$

Er ist im Bild 6-10 für verschiedene Torzeiten t_T als Parameter abhängig von der Messfrequenz aufgetragen. Man erkennt, dass bei einer zulässigen Messzeit

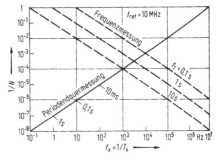

Bild 6-10. Relativer Quantisierungsfehler als Funktion der Messfrequenz bei Periodendauermessung und bei Frequenzmessung

von z. B. 1 s unter 1 kHz die Periodendauermessung und über 10 kHz die Frequenzmessung zum kleineren Quantisierungsfehler führt. Vom Standpunkt der Genauigkeit her gesehen ist es sinnvoll, keinen wesentlich kleineren Quantisierungsfehler $1/N$ als den relativen Fehler $\Delta f_{ref}/f_{ref}$ der Quarzfrequenz anzustreben.

6.3.6 Reziprokwertbildung und Multiperiodendauermessung

Bei kleinen Messfrequenzen, wie z. B. der Netzfrequenz von 50 Hz, liefert die Periodendauermessung in wesentlich kürzerer Zeit einen Messwert mit hinreichender *Auflösung*. Zum Vergleich beträgt bei Frequenzmessung mit einer Torzeit von 1 s der relative Quantisierungsfehler maximal $1/50 = 2\%$.

Bei Frequenzsignalen im kHz-Bereich wird bei digitaler Frequenzmessung zur Erzielung einer hohen Auflösung eine verhältnismäßig hohe Torzeit von etwa 10 s oder mehr benötigt. Im Vergleich dazu erfüllt die digitale Periodendauermessung zwar die Forderung nach einer geringen Messzeit, die Auflösung ist dann aber durch die maximale Referenzfrequenz beschränkt. Abhilfe schafft hier die *Multiperiodendauermessung* nach Bild 6-11a.

Die Messfrequenz $f_x = 1/T_x$ wird dabei um den Faktor N_T digital geteilt. Als Messergebnis ergibt sich der Zählerstand

$$N = N_T f_{ref} T_x = N_T \frac{f_{ref}}{f_x} \ .$$

Die Auflösung beträgt

$$\frac{1}{N} = \frac{1}{N_T} \cdot \frac{f_x}{f_{ref}}$$

und ist in Bild 6-11b als Funktion der Messfrequenz f_x mit N_T als Parameter aufgetragen. Die Messzeit ist

$$N_T T_x = \frac{N_T}{f_x} \ .$$

Das Produkt Auflösung $1/N$ und Messzeit N_T/f_x ist konstant und beträgt

$$\frac{1}{N} \cdot \frac{N_T}{f_x} = \frac{1}{f_{ref}} \ .$$

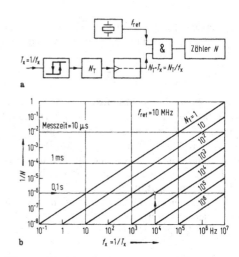

Bild 6-11. Multiperiodendauermessung. **a** Blockschaltbild, **b** Auflösung als Funktion der Messfrequenz

Der minimale Wert dieses Produkts ist durch die Höhe der Referenzfrequenz gegeben. Bei einer zulässigen Messzeit $N_T/f_x = 0{,}1$ s und einer Referenzfrequenz f_{ref} von 10 MHz ist eine Auflösung $1/N$ von 10^{-6} möglich. Bei einer Messfrequenz f_x von 10 kHz müssen dazu $N_T = 1000$ Perioden der Messfrequenz ausgewertet werden (Bild 6-11b).

Der angezeigte Zählerstand N ist bei der Multiperiodendauermessung proportional der Periodendauer. Wird als Messergebnis die Frequenz gewünscht, so muss der Reziprokwert gebildet werden. Dies geschieht bei besseren Universalzählern mit einem Mikrorechner. Die Rechenzeit für die Bildung dieses Reziprokwertes liegt deutlich unter 100 µs. Die Multiperiodendauermessung ist deshalb heute für Frequenzmessungen in allen Frequenzbereichen bedeutungsvoll geworden. Die digitale Frequenzmessung mit voreingestellter Torzeit (preset time) wird deshalb in zunehmendem Maße durch die Multiperiodendauermessung mit voreingestellter Periodenzahl (preset count) ersetzt.

6.4 Analog-Digital-Umsetzung über Zeit oder Frequenz als Zwischengrößen

Bei einer Reihe von Anwendungsfällen, z. B. bei Labor-Digitalvoltmetern, werden keine hohen

Anforderungen an die Geschwindigkeit der Analog-Digital-Umsetzung gestellt. Dort können mit Vorteil Umsetzungsverfahren mit der Zeit oder der Frequenz als Zwischengröße eingesetzt werden, die teilweise eine sehr hohe Genauigkeit ermöglichen.

6.4.1 Charge-balancing-Umsetzer

Beim Charge-balancing-Umsetzer (Ladungskompensationsumsetzer) wird nach Bild 6-12 die umzusetzende Messspannung U_x fortlaufend integriert, während für eine konstante Zeit t_1 zusätzlich eine negative Referenzspannung U_{ref} an den Eingang des Integrationsverstärkers angelegt wird. Die Zeit t_1 wird dabei gestartet, wenn die Ausgangsspannung durch Integration der Messspannung auf den Wert null abgesunken ist. Der wesentliche Unterschied zum einfachen Spannungs-Frequenz-Umsetzer besteht also darin, dass für eine konstante Zeit t_1 auch eine am Eingang anliegende Referenzspannung U_{ref} integriert wird.

Die Ausgangsspannung, die nach Ablauf von t_1 am Integratorausgang erreicht wird, ist

$$u_a(t_1) = \left(\frac{U_{ref}}{R_2} - \frac{U_x}{R_1}\right)\frac{t_1}{C} .$$

Sie wird durch Integration der Messspannung U_x während der Zeit t_2 nach null abgebaut:

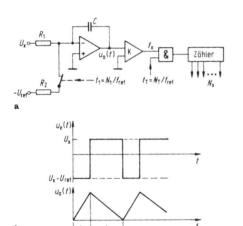

a

b

Bild 6-12. Charge-balancing-Umsetzer. **a** Prinzip, **b** Ablaufdiagramm

$$u_a(t_1) - \frac{U_x}{R_1} \cdot \frac{t_2}{C} = 0 .$$

Durch Elimination von $u_a(t_1)$ ergibt sich:

$$t_2 = \left(\frac{U_{ref}}{R_2} - \frac{U_x}{R_1}\right)\frac{R_1}{U_x}t_1 = \left(\frac{R_1}{R_2}\cdot\frac{U_{ref}}{U_x} - 1\right)t_1 .$$

Die Frequenz f_x ist deshalb

$$f_x = \frac{1}{t_1 + t_2} = \frac{1}{t_1}\cdot\frac{R_2}{R_1}\cdot\frac{U_x}{U_{ref}} .$$

Die Frequenz f_x ist also der Messspannung U_x proportional. Der Charge-balancing-Umsetzer ist gleichzeitig ein Spannungs-Frequenz-Umsetzer. Im Gegensatz zum einfachen Spannungs-Frequenz-Umsetzer ist die Genauigkeit jedoch nicht von der Integrationskapazität abhängig. Über digitale Treiber wird aus einer Referenzfrequenz f_{ref} sowohl die Zeit t_1 zur Integration gemäß $t_1 = N_1/f_{ref}$ als auch die Torzeit t_T zur digitalen Frequenzmessung gemäß $t_T = N_T/f_{ref}$ gewonnen. Das Digitalsignal entspricht dann der Zahl

$$N_x = t_T f_x = \frac{N_T}{f_{ref}}\cdot\frac{f_{ref}}{N_1}\cdot\frac{R_2}{R_1}\cdot\frac{U_x}{U_{ref}}$$
$$= \frac{N_T}{N_1}\cdot\frac{R_2}{R_1}\cdot\frac{U_x}{U_{ref}} .$$

Langzeitschwankungen der Referenzfrequenz f_{ref} beeinflussen also die Messgenauigkeit nicht.

6.4.2 Dual-slope-Umsetzer

Beim Dual-slope-Umsetzer (Zweirampenumsetzer) nach Bild 6-13 wird die Messspannung U_x während einer konstanten Zeit t_1 integriert. Nach Ablauf dieser Zeit t_1 wird an den Eingang eine Referenzspannung U_{ref} mit umgekehrter Polarität angelegt. Die für die Rückintegration bis zur Ausgangsspannung null benötigte Zeit t_x ist dabei der Messspannung U_x proportional. Die Ausgangsspannung zur Zeit $t = t_1$ ist nämlich

$$u_a(t_1) = -\frac{1}{RC}\int_0^{t_1} -U_x\,dt = \frac{U_x}{RC}t_1 .$$

Nach der Zeit $t = t_1 + t_x$ ist die Ausgangsspannung auf null zurückintegriert worden:

$$u_a(t_1 + t_x) = u_a(t_1) - \frac{1}{RC} \int_{t_1}^{t_1+t_x} U_{ref} \, dt = 0 \, .$$

Mit der Beziehung

$$u_a(t_1) = \frac{U_{ref} t_x}{RC}$$

ergibt sich die Zeit

$$t_x = t_1 \frac{U_x}{U_{ref}} \, .$$

Sie ist unabhängig vom Wert der Integrationszeitkonstante RC.

Über einen digitalen Teiler wird aus der Referenzfrequenz f_{ref} die Zeit t_1 zur Hochintegration gemäß $t_1 = N_1/f_{ref}$ gewonnen. Das digitale Ausgangssignal entspricht dann der Zahl

$$N_x = f_{ref} t_x = f_{ref} \frac{N_1}{f_{ref}} \cdot \frac{U_x}{U_{ref}} = N_1 \frac{U_x}{U_{ref}} \, .$$

Wie beim Charge-balancing-Umsetzer beeinflussen also auch beim Dual-slope-Umsetzer Langzeitschwankungen der Referenzfrequenz die Umsetzungsgenauigkeit nicht.

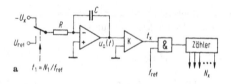

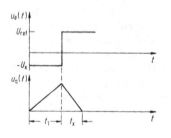

a $t_1 = N_1/f_{ref}$

b

Bild 6-13. Dual-slope-Umsetzer. **a** Prinzip, **b** Ablaufdiagramm

6.4.3 Integrierende Filterung bei integrierenden Umsetzern

Da bei den integrierenden Analog-Digital-Umsetzern die Umsetzung durch Integration der umzusetzenden Eingangsspannung U_x erfolgt, können bei geeigneter Wahl der Integrationszeit überlagerte Störspannungen stark oder sogar vollständig unterdrückt werden.

Dieser Effekt der integrierenden Filterung ist sowohl beim einfachen Spannungs-Frequenz-Umsetzer und beim Charge-balancing-Umsetzer als auch beim Dual-slope-Umsetzer anwendbar. Die integrierende Filterung soll am Beispiel des Dual-slope-Umsetzers erklärt werden.

Einer umzusetzenden Messspannung U_0 sei eine sinusförmige Störspannung mit der Frequenz f_s und der Amplitude U_{sm} überlagert. Die am Eingang anliegende Spannung ist damit

$$u_x(t) = U_0 + U_{sm} \cos \omega_s t \, .$$

Im Zeitbereich $0 \leqq t \leqq t_1$ erhält man für die Ausgangsspannung des Integrationsverstärkers

$$u_a(t) = \frac{1}{RC} \int_0^t (U_0 + U_{sm} \cos \omega_s t) \, dt$$

$$= \frac{1}{RC} U_0 + \frac{\sin \omega_s t}{RC \cdot \omega_s} U_{sm} \, .$$

Der Verlauf von Eingangsspannung $u_x(t)$ und Ausgangsspannung $u_a(t)$ ist in Bild 6-14a dargestellt, wo angenommen ist, dass die Integrationszeit t_1 gerade gleich der Periodendauer $T_s = 1/f_s$ der überlagerten Störwechselspannung ist.

Eine überlagerte Störspannung wird vollständig unterdrückt, wenn die Integrationszeit t_1 ein ganzes Vielfaches der Periodendauer $1/f_s$ der Störspannung ist. Der relative Fehler, der durch die überlagerte Störspannung verursacht wird, ist allgemein

$$F_{rel} = \frac{U_{sm}}{U_0} \cdot \frac{\sin \omega_s t_1}{\omega_s t_1} \, .$$

Da in der Praxis keine definierte Phasenbeziehung zwischen dem zeitlichen Verlauf der Störspannung und der Integrationszeit besteht, muss der ungünstigste Fall zugrunde gelegt werden. Dieser ergibt sich, wenn anstelle der Integrationsgrenzen 0 und t_1 die

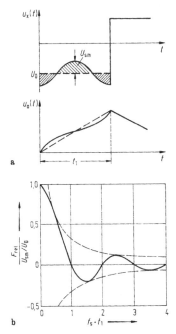

Bild 6-14. Integrierende Filterung. **a** Verlauf der Ein- und Ausgangsspannung, **b** relativer Fehler als Funktion des Produktes $f_s t_1$

Grenzen $-t_1/2$ und $+t_1/2$ eingeführt werden. Der relative Fehler wird dann

$$F_{\mathrm{rel}} = \frac{U_{\mathrm{sm}}}{U_0} \cdot \frac{\sin(\pi f_s t_1)}{\pi f_s t_1} \ .$$

Der relative Fehler F_{rel} ist abhängig von $f_s t_1 = t_1/T_s$ in Bild 6-14b aufgetragen.
Bei netzfrequenten Störspannungen mit einer Frequenz f_s von 50 Hz beträgt die kleinstmögliche Integrationszeit, für die die überlagerte Störspannung gerade vollständig unterdrückt wird, $t_1 = 1/f_s = 20$ ms.
Dual-slope-Umsetzer, die sowohl Störspannungen von 50 Hz als auch von 60 Hz (z. B. USA) integrierend filtern sollen, müssen also mindestens mit einer Integrationszeit t_1 von 100 ms, dem kleinsten gemeinsamen Vielfachen der beiden Periodendauern 20 ms bzw. $16\frac{2}{3}$ ms, oder mit ganzzahligen Vielfachen von 100 ms ausgestattet sein. Die meisten Digitalvoltmeter nach dem Dual-slope-Prinzip besitzen

tatsächlich eine Hochintegrationszeit t_1 von 100 ms und ermöglichen wegen der Rückintegrationszeit gerade etwa 5 Messungen pro Sekunde, ein Wert, der für Laboranwendungen ausreichend ist.

6.5 Analog-Digital-Umsetzung nach dem Kompensationsprinzip

Neben den Analog-Digital-Umsetzern (ADUs) mit den Zwischengrößen Frequenz oder Zeit sind die direkten ADUs nach dem Kompensationsprinzip von Bedeutung. Diese enthalten gewöhnlich in der Rückführung Digital-Analog-Umsetzer (DAUs) mit bewerteten Leitwerten oder mit Widerstandskettenleiter. Abhängig von der Abgleichstrategie entstehen im einfachsten Fall Inkrementalumsetzer, die analogen Messsignalen in einer oder in beiden Richtungen (Nachlaufumsetzer) folgen können. Höherwertige Umsetzer arbeiten mit Zähleraufteilung oder erzeugen in jedem Takt ein Bit des digitalen Ausgangssignals. So entsteht der serielle ADU mit Taktsteuerung, der nach dem Prinzip der sukzessiven Approximation arbeitet.

6.5.1 Prinzip

Analog-Digital-Umsetzer nach dem Kompensationsprinzip enthalten nach Bild 6-15 in der Rückführung einen DAU.
Mithilfe einer Abgleichschaltung wird dessen digitales Eingangssignal D in geeigneter Weise verändert, bis das analoge Ausgangssignal U_v das umzusetzende analoge Eingangssignal U_x praktisch vollständig kompensiert. Das notwendige Steuersignal S empfängt die Abgleichschaltung von einem Kompa-

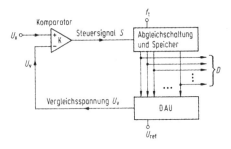

Bild 6-15. Prinzip der Analog-Digital-Umsetzung nach dem Kompensationsprinzip

rator K, der einer logische Eins liefert, solange die umzusetzende Eingangsspannung U_x größer ist als die rückgeführte Vergleichsspannung U_v. Im abgeglichenen Zustand ist das digitale Eingangssignal D des DAU identisch mit dem digitalen Ausgangssignal des gesamten ADU. Ein n-stelliges dualcodiertes Digitalsignal D lässt sich mit den n Koeffizienten a_1 bis a_n darstellen als

$$D = a_1 2^{-1} + a_2 2^{-2} + \ldots + a_{n-1} 2^{-(n-1)} + a_n 2^{-n} .$$

Der mögliche Quantisierungsfehler beträgt 2^{-n} und entspricht dem Wert der Stelle mit der kleinsten Stellenwertigkeit (LSB, least significant bit). Die Stelle mit der größten Stellenwertigkeit (MSB, most significant bit) hat den Wert $2^{-1} = 1/2$.
Der Endwert D_{max} ist erreicht, wenn alle Koeffizienten a_i der n Stellen 1 sind und beträgt

$$D_{max} = 2^{-1} + 2^{-2} + \ldots + 2^{-n} = 1 - 2^{-n} \approx 1 .$$

Dieser Endwert ist praktisch unabhängig von der Stellenzahl n und beträgt näherungsweise 1.

6.5.2 Digital-Analog-Umsetzer mit bewerteten Leitwerten

Digital-Analog-Umsetzer sind also eine wesentliche Komponente in ADUs nach dem Kompensationsprinzip. Unter den Digital-Analog-Umsetzern mit Widerstandsnetzwerken haben außer den Umsetzern mit Kettenleitern die Umsetzer mit bewerteten Leitwerten besondere Bedeutung erlangt.
Nach Bild 6-16a besteht ein 1-Bit-DAU im Prinzip aus einem Leitwert G_i, der über einen digital gesteuerten Schalter von einer Referenzspannung U_{ref} gespeist wird.
Der Ausgangsstrom I ist abhängig vom digitalen Eingangssignal a_i:

$$I = U_{ref} a_i G_i .$$

Ist das digitale Eingangssignal $a_i = 0$, so ist der Schalter geöffnet; für $a_i = 1$ ist der Schalter geschlossen.
Ein mehrstelliges digitales Eingangssignal D mit gewichteter Codierung kann nach Bild 6-16b durch Parallelschaltung entsprechend bewerteter Leitwerte umgesetzt werden. Der analoge Ausgangsstrom wird dabei über einen Stromverstärker rückwirkungsfrei in

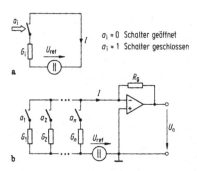

Bild 6-16. Digital-Analog-Umsetzer mit bewerteten Leitwerten. **a** Prinzip bei 1-Bit-Umsetzung, **b** mehrstellige Digital-Analog-Umsetzung

ein proportionales Ausgangssignal, z. B. in eine Spannung U_a, umgeformt.
Der wirksame Leitwert G berechnet sich durch Addition der jeweils zugeschalteten Leitwerte G_i zu

$$G = \sum_{i=1}^{n} a_i G_i .$$

Mit $I = U_{ref} G$ und $U_a = R_g I$ ergibt sich die analoge Ausgangsspannung U_a zu

$$U_a = R_g U_{ref} \sum_{i=1}^{n} a_i G_i .$$

Bei einem DAU für dualcodiertes Eingangssignal müssen also die Leitwerte G_1 bis G_n gemäß

$$G_1 : G_2 : \ldots : G_n = 2^{-1} : 2^{-2} : \ldots : 2^{-n}$$

dimensioniert werden. Der größte Leitwert ist der Stelle größter Wertigkeit zugeordnet.

6.5.3 Digital-Analog-Umsetzer mit Widerstandskettenleiter

Im Gegensatz zu den DAUs mit bewerteten Leitwerten sind beim DAU mit Widerstandskettenleiter die Stellenwertigkeiten durch die Lage der Einspeisepunkte gegeben. Nach Bild 6-17 enthält ein solcher Umsetzer in seiner einfachsten Form einen Kettenleiter mit Längswiderständen R und Querwiderständen $2R$. Die Stellungen a_1 bis a_n der n Schalter entsprechen dem digitalen Eingangssignal D. In der linksseitigen Stellung der Schalter

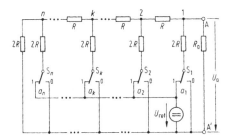

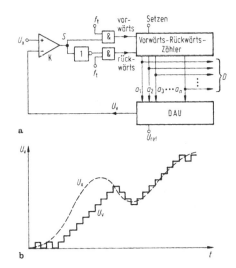

Bild 6-17. Digital-Analog-Umsetzer mit Widerstands-Kettenleiter

Bild 6-18. Nachlaufumsetzer mit Zweirichtungszähler.
a Prinzip, b Ablaufdiagramm

($a_i = 1$) werden die Querwiderstände $2R$ an die Referenzspannung U_{ref} gelegt, und es fließt ein Strom in den jeweiligen Knotenpunkt des Kettenleiters. Dieser Strom trägt umso mehr zur analogen Ausgangsspannung U_a am Abschlusswiderstand R_a bei, je näher der Knotenpunkt am Ausgang des Umsetzers liegt.

U_a ergibt sich durch Superposition der n Zustände, bei denen sich nur jeweils einer der n Schalter in der Stellung $a_k = 1$ befindet und die anderen in der Position $a_i = 0$:

$$U_a = \frac{R_a}{R_a + R} U_{\text{ref}} \underbrace{(a_1 2^{-1} + a_2 2^{-2} + \ldots + a_n 2^{-n})}_{D}.$$

Das digitale Eingangssignal D ist durch die Koeffizienten a_1 bis a_n bestimmt und der analogen Ausgangsspannung U_a proportional.

Beim DAU mit Widerstandskettenleiter gehen nicht die absoluten Fehler der Widerstände, sondern nur die Abweichungen voneinander in die Genauigkeit der Umsetzung ein. Es ist deshalb zulässig, Widerstände mit gleichen Fehlern einzusetzen. Ebenso muss der Temperaturkoeffizient der verwendeten Widerstände nicht möglichst klein gehalten werden. Wesentlich ist jedoch eine möglichst gute Übereinstimmung des Temperaturgangs der Einzelwiderstände.

6.5.4 Nachlaufumsetzer mit Zweirichtungszähler

Der einfachste ADU nach dem Kompensationsprinzip ist der Inkrementalumsetzer mit Einrichtungszähler. Da solche Umsetzer entweder nur steigenden oder nur fallenden Eingangsspannungen folgen können, werden Inkrementalumsetzer gewöhnlich mit Zweirichtungszählern gebaut. Diese Nachlaufumsetzer können sowohl steigenden als auch fallenden

Eingangssignalen folgen. Im Blockschaltbild nach Bild 6-18a ist gezeigt, wie mit einer geeigneten Logik der Vorwärts-Eingang des Zählers angesteuert wird, solange das Eingangssignal größer als das rückgeführte Signal U_v des DAU ist.

Der Rückwärts-Eingang des Vorwärts-Rückwärts-Zählers wird angesteuert, wenn die umzusetzende Eingangsspannung kleiner als U_v ist. Ohne zusätzliche Maßnahmen springt das digitale Ausgangssignal immer um eine Quantisierungseinheit hin und her, da ständig an einem der beiden Zählereingänge Taktimpulse anliegen. Dieses Hin- und Herspringen lässt sich vermeiden, indem der Komparator als sog. Fensterkomparator ausgeführt wird, der innerhalb einer bestimmten Totzone keinen der beiden Zählereingänge ansteuert.

Das Ablaufdiagramm nach Bild 6-18b zeigt, wie ein Nachlaufumsetzer steigenden und fallenden Eingangsspannungen folgt. Nur wenn die maximale Umsetzungsgeschwindigkeit überschritten ist, folgt der Umsetzer einer veränderlichen Eingangsspannung U_x mit Verzögerung.

Maximalfrequenz bei Nachlaufumsetzung

Bei einem n-Bit-Umsetzer mit einer Referenzspannung U_{ref}, die dem Messbereichsendwert entspricht, und bei einer Taktfrequenz f_t beträgt die maximale Änderungsgeschwindigkeit der Vergleichsspannung

$$\left(\frac{dU_v}{dt}\right)_{max} = 2^{-n} U_{ref} f_t \ .$$

Erfolgt die Änderung der umzusetzenden Eingangsspannung U_x sinusförmig mit der Frequenz f und der Amplitude U_m, dann kann der Wechselanteil $U_\sim$ der Eingangsspannung durch

$$U_\sim(t) = U_m \sin(2\pi f t)$$

beschrieben werden. Die maximale Änderungsgeschwindigkeit dieses Wechselanteils der Eingangsspannung ist

$$\left(\frac{dU}{dt}\right)_{max} = 2\pi f U_m [\cos(2\pi f t)]_{t=0} = 2\pi f U_m \ .$$

Soll der Nachlaufumsetzer verzögerungsfrei folgen können, dann darf die maximale Änderungsgeschwindigkeit der Eingangsspannung die maximale Änderungsgeschwindigkeit der Vergleichsspannung nicht überschreiten. Die daraus resultierende Ungleichung lautet

$$2^{-n} U_{ref} f_t \geqq 2\pi f U_m \ .$$

Die maximal zulässige Frequenz f_{max} der Eingangsspannung ergibt sich daraus zu

$$f_{max} = \frac{2^{-n}}{2\pi} \cdot \frac{U_{ref}}{U_m} f_t \ .$$

Für einen 10-Bit-Umsetzer ($n = 10$) beträgt bei einer Taktfrequenz f_t von 1 MHz und bei einer Amplitude von $U_m = \frac{1}{2} U_{ref}$ des Wechselanteils der Eingangsspannung die maximal zulässige Frequenz der Eingangsspannung etwa 310 Hz.
Kleinen Änderungen der Eingangsspannung kann ein Nachlaufumsetzer sogar schneller folgen als die seriellen Umsetzer, die in jeder Taktperiode 1 Bit des digitalen Ausgangssignals bilden, wie z. B. der ADU mit sukzessiver Approximation.

6.5.5 Analog-Digital-Umsetzer mit sukzessiver Approximation

Unter den Verfahren der Analog-Digital-Umsetzung ist die Methode der sukzessiven Approximation sehr

verbreitet. Diese Umsetzer gehören zu den seriellen Umsetzern mit Taktsteuerung, bei denen in jeder Taktperiode eine Stelle des digitalen Ausgangssignals D gebildet wird (one bit at a time). Bei einem n-Bit-Umsetzer sind also n Schritte zur Umsetzung notwendig. Das Blockschaltbild eines ADUs nach dem Prinzip der sukzessiven Approximation ist in Bild 6-19a dargestellt.
Die Umsetzung beginnt mit dem Versuch, in die höchste Stelle eine logische Eins einzuschreiben. Ist die Ausgangsspannung U_v des DAU kleiner als die umzusetzende Eingangsspannung U_x, so bleibt diese Eins erhalten. Ist jedoch $U_v > U_x$, dann ist der Ausgang des Komparators erregt und die Stufe wird auf null zurückgesetzt.
Dieses Vorgehen wird nun mit der nächstniedrigeren Stelle fortgesetzt und schließlich mit der niedrigsten Stelle abgeschlossen. Nach jedem Schritt wird die Ausgangsspannung U_v des DAU mit der analogen Eingangsspannung U_x verglichen. Wird die Spannung U_x nicht überschritten, so verbleibt die Eins in der bistabilen Kippstufe BK. Bei Überkompensation jedoch wird die Kippstufe auf null zurückgesetzt (Bild 6-19b).

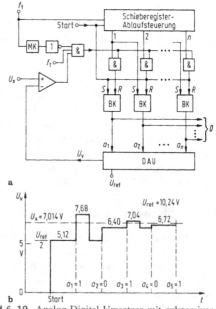

Bild 6-19. Analog-Digital-Umsetzer mit sukzessiver Approximation. **a** Prinzip, **b** Ablaufdiagramm

Die Ablaufsteuerung wird mit einem Schiebere-
gister ausgeführt, das sowohl das UND-Gatter zur
Löschung der Kippstufen bei Überkompensation
freigibt, als auch das Setzen der Kippstufe der
nächstkleineren Stelle übernimmt. Die monostabile
Kippstufe MK verzögert das Signal des Komparators genügend lange, damit das Einschwingen von
Übergangsvorgängen abgewartet werden kann.
Im Bild 6-19 ist am Beispiel einer Eingangsspannung
von $U_x = 7{,}014\,\text{V}$ bei einer Referenzspannung U_{ref}
von 10,24 V der Anfang der Umsetzung dargestellt.
Schnelle Umsetzer nach diesem Prinzip arbeiten
mit einer Taktfrequenz von 1 MHz. Dies entspricht
einer Taktperiode von 1 µs. Für die Umsetzung eines
10-stelligen Signals (10 Bits) werden dann 10 µs
benötigt.

6.6 Schnelle Analog-Digital-Umsetzung und Transientenspeicherung

Für die Analog-Digital-Umsetzung schneller Vorgänge sind Umsetzer mit entsprechend hoher Umsetzungsgeschwindigkeit erforderlich. Laufzeitumsetzer
arbeiten seriell wie die ADUs mit sukzessiver Approximation, besitzen aber keine Taktsteuerung. Ihre
Umsetzzeit ist nur durch die Signallaufzeiten bestimmt und daher vergleichsweise niedrig. Besonders
kleine Umsetzzeiten werden mit den simultan arbeitenden Parallelumsetzern (flash converter) erreicht.
Ein guter Kompromiss zwischen Aufwand und Umsetzzeit sind die Serien-Parallel-Umsetzer. Schnelle
ADUs werden bei der Umsetzung von Videosignalen,
besonders auch bei der sog. Transientenspeicherung
in der Mess- und Versuchstechnik eingesetzt. Damit
wird eine digitale Signalanalyse in Echtzeit oder auch
in einem geeignet gedehnten Zeitmaßstab ermöglicht.

6.6.1 Parallele Analog-Digital-Umsetzer (Flash-Converter)

Die höchsten Umsetzungsgeschwindigkeiten können
mit den simultan arbeitenden Parallelumsetzern erreicht werden. Der Aufwand wächst etwa proportional mit der Zahl der Quantisierungsstufen. Wie in
Bild 6-20a gezeigt, sind für 2^n Quantisierungsstufen
$2^n - 1$ Komparatoren K notwendig, die die analoge
Eingangsspannung U_x gegen $2^n - 1$, z.B. linear ge-
stufte, Referenzspannungen vergleichen.

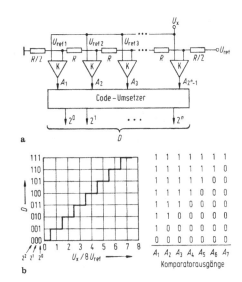

Bild 6-20. Paralleler Analog-Digital-Umsetzer. **a** Blockschaltbild, **b** Übertragungskennlinie

Die Ausgangssignale A_i der Komparatoren sind logisch null, wenn die Eingangsspannung U_x kleiner
als die entsprechende Referenzspannung $U_{ref\,i}$ ist. Sie
sind logisch eins für $U_x > U_{ref\,i}$. Über einen Codeum-
setzer erfolgt die Codeumsetzung in den Dualcode.
Für einen Parallelumsetzer mit 8 Dualstellen am Ausgang sind 255 Komparatoren nötig.
Für einen Umsetzer mit 3 Dualstellen ist in
Bild 6-20b der Zusammenhang zwischen dem
Dualzahl-Ausgangssignal und der auf die Referenzspannung U_{ref} bezogenen Eingangsspannung U_x
dargestellt. Die Tabelle beschreibt die Codierungs-
vorschrift (den Code) zwischen den Komparatoraus-
gangssignalen A_i und dem Dualzahlsignal D.
Mit den heute verfügbaren Integrationstechniken ist
der Aufbau von Parallelumsetzern mit 10 Bit Auflösung möglich. Dabei müssen also 1023 Komparatoren
und die erforderlichen Bauelemente zur Erzeugung
der Referenzspannungen, die Umcodierung sowie der
Ausgabespeicher auf einem Chip integriert werden.
Dies bedeutet die Integration von über 60 000 Bau-
elementen auf einem Chip.
Typische Frequenzen bei diesen Flash-Convertern liegen etwa bei 100 MHz. Die zugehörigen Umsetzzeiten betragen also 10 ns.

6.6.2 Transientenspeicherung

Die Aufzeichnung der Vorgeschichte einmalig verlaufender Vorgänge ist durch die Verfügbarkeit schneller ADUs und preiswerter Halbleiterspeicher hoher Kapazität mithilfe von *Transientenspeichern* möglich geworden. In Verbindung mit einem Oszillografen oder einem Schreiber als Ausgabegerät stellen diese *Transientenrecorder* einen Ersatz für Schnellschreiber und Speicheroszillografen dar. Sie eignen sich vorzüglich für Aufgaben der Störwerterfassung und Messwertanalyse, da mit ihnen die Betriebszustände vor, während und nach der Störung mit genügend hoher Abtastrate und Auflösung aufgezeichnet werden können. Darüber hinaus sind Transientenrecorder wertvoll in Forschung und Entwicklung, wenn der Verlauf von Messsignalen bei nicht reproduzierbaren Versuchen aufgezeichnet werden soll (Digitaloszilloskop).

Gewöhnlich werden in einem Transientenrecorder über schnelle ADUs die interessierenden Signale mit Abtastfrequenzen im MHz-Bereich abgetastet, digitalisiert und in einen 8- oder 10-stelligen Schieberegisterspeicher bitparallel eingeschrieben (Bild 6-21).

Der Halbleiterspeicher besitzt in der Regel mindestens 2^{10} Speicherzellen, sodass mindestens 1024 Datenworte eingespeichert werden können und darüber hinaus dann die jeweils zuerst eingespeicherten Datenworte verloren gehen.

Ein Triggersignal stoppt beim Auftreten eines bestimmten Ereignisses nach Ablauf einer einstellbaren Verzögerungszeit t_v das Einspeichern weiterer Werte in den Speicher. Dieses Triggersignal kann von einem bestimmten Pegel des aufzuzeichnenden Signals selbst abgeleitet oder über andere Startkriterien ausgelöst werden, die das Auftreten von Anomalien oder Überschreiten zulässiger Grenzwerte anzeigen.

Mit einem variablen Auslesetakt kann dann der Transientenspeicher repetierend abgefragt werden. Mit einer erhöhten Taktfrequenz ist es so möglich, langsame Vorgänge flimmerfrei auf einem nichtspeichernden Oszillografen darzustellen oder einen sehr schnellen Vorgang mit hoher Auflösung auf einem einfachen Schreiber aufzuzeichnen, wenn dazu die Taktfrequenz entsprechend erniedrigt wird.

Ähnlich wie bei anderen Signalanalysatoren wird durch eine kleine Verzögerungszeit nach dem Trig-

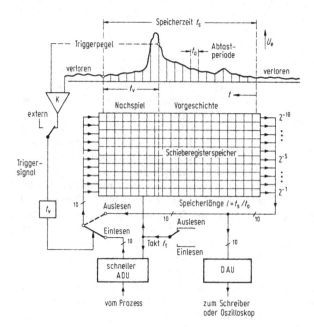

Bild 6-21. Prinzip des Transientenspeichers

gerereignis eine sog. Pretriggerung und durch eine größere Verzögerungszeit eine sog. Posttriggerung erreicht, d. h., es wird der Signalverlauf vor bzw. nach dem Triggerereignis ausgewählt.

Auf dem Raster-Scanner-Prinzip basiert ein extrem schneller Transientendigitalisierer. Ein Signal mit maximal 6 GHz Bandbreite wird auf ein Siliziumplättchen projiziert und hinterlässt eine Spur, die digital abgelesen wird. Für derartige Geräte besteht Bedarf u. a. in der Teilchenphysik und bei digitalen Kommunikationssystemen.

Literatur

Kapitel 1

DIN 1319-1: Grundlagen der Messtechnik – Teil 1: Grundbegriffe (01.95)

DIN 1319-4: Grundlagen der Messtechnik – Teil 4: Auswertung von Messungen: Messunsicherheit (02.99)

Doebelin, E.O.: Measurement Systems. 5th ed. New York: McGraw-Hill 2003

Kiencke, U.; Kronmüller, H.; Eger, R.: Messtechnik: Systemtheorie für Elektrotechniker. 5. Aufl. Berlin: Springer 2001

Pichlmaier, J.: Kalibrierung von Gassensoren in befeuchteter Atmosphäre und Modellierung des Feuchteeinflusses auf kapazitive SO_2-Sensoren. Düsseldorf: VDI-Verl. 1994

Richter, W.: Elektrische Messtechnik, Grundlagen. 3. Aufl. Berlin: Verl. Technik 1994

Sydenham, P.H.: Handbook of Measurement Science. Wiley 1999

Tränkler, H.-R.: Taschenbuch der Messtechnik. 4. Aufl. München: Oldenbourg 1996

Kapitel 2

Mark, J.: Beschreibung und Korrektur der Einflusseffekte bei Differenzdruckaufnehmern. Düsseldorf: VDI-Verl. 1998

Profos, P.; Pfeifer, T. (Hrsg.): Handbuch der industriellen Messtechnik. München: Oldenbourg 2002

Schöne, A.: Messtechnik. 2. Aufl. Berlin: Springer 1997

Kapitel 3

Czajor, A.: Modellierung der Temperatur- und Feuchteabhängigkeit des Nullpunkts von Halbleiter-Gassensoren. Düsseldorf: VDI-Verl. 1999

Eigler, H.: Mikrosensorik und Mikroelektronik. Renningen-Malmsheim: Expert-Verl. 2000

Forst, H.-J. (Hrsg.): Sensorik in der Prozessleittechnik. Berlin: VDE-Verl. 1994

Fraden, J.: AIP Handbook of Modern Sensors. Physics, Design and Application. Springer 2003

Gardner, J.W.: Microsensors. Chichester: Wiley 1995

Gardner, J.W.; Varadan, V.K.; Awadelkarim, O. O.: Microsensors, MEMS, and Smart Devices. Chichester: Wiley 2001

Gerlach, G.; Dötzel, W. (Hrsg.): Grundlagen der Mikrosystemtechnik. München: Hanser 1997

Heywang, W.: Sensorik. 4. Aufl. Berlin: Springer 1993

Holmer, R.: Untersuchungen zur Genauigkeitssteigerung der kalibrationsfreien Temperaturmessung mit Halbleiter-pn-Übergängen. Düsseldorf: VDI-Verl. 1996

Reichl, H.; u. a.: Halbleitersensoren. Ehningen: Expert-Verl. 1989

Schaumburg, H.: Sensoren. Stuttgart: Teubner 1992

Schaumburg, H. (Hrsg.): Sensoranwendungen. Stuttgart: Teubner 1995

Schubert, J.: Physikalische Effekte. Weinheim: Physik-Verl. 1982

Tränkler, H.-R.; Obermeier, E. (Hrsg.): Sensortechnik. Berlin: Springer 1998

VDI/VDE-Technologiezentrum Informationstechnik GmbH: Technologietrends in der Sensorik. Teltow: VDI/VDE IT 1998

Westbrook, M.H.; Turner, J.D.: Automotive sensors. Bristol, Philadelphia: Inst. of Physics Publishing 1994

Kapitel 4

Berlin, H.M.: Principles of Electronic Instrumentation and Measurement. Englewood Cliffs, N.J.: Prentice-Hall 1990

Felderhoff, R.; Freyer, U.: Elektrische und elektronische Messtechnik. München: 7. Aufl. Hanser 2002

Göpel, W.; Hesse, J.; Zemel, J.N. (Eds.): Sensors. Weinheim: VCH-Verl. 1989 ff.

Heyne, G.: Elektronische Messtechnik. München: Oldenbourg 1999

Klaasen, K.B.: Electronic Measurement and Instrumentation. Cambridge: Cambridge Univ. Pr. 1996

Klein, J.W.; Düllenkopf, P.; Glasmachers, A.: Elektronische Messtechnik. Stuttgart: Teubner 1992

Pfeiffer, W.: Simulation von Messschaltungen. Berlin: Springer 1994

Schrüfer, E.: Elektrische Messtechnik. 8. Aufl. München: Hanser 2003

Tietze, U.; Schenk, Ch.; Gamm, E.: Halbleiter-Schaltungstechnik. Berlin: Springer 2002

Kapitel 5

Lerch, R.: Elektrische Messtechnik. 3. Aufl. Berlin: Springer 2006

Schrüfer, E.: Elektrische Messtechnik. 8. Aufl. München: Hanser 2003

Stöckl, M.; Winterling, K.H.: Elektrische Messtechnik. 8. Aufl. Stuttgart: Teubner 1987

Kapitel 6

Haas, M.: Korrektur von Hysteresefehlern bei Sensoren durch Signalverarbeitung auf der Basis mathematischer Modelle. Düsseldorf: VDI-Verl. 1994

Joppich, M.: Schätzverfahren zur Genauigkeitssteigerung der Geschwindigkeitsmessung über Grund nach dem Dopplerprinzip. Düsseldorf: VDI-Verl. 1994

Löschberger, C.: Modelle zur digitalen Einflussgrößenkorrektur an Sensoren. Düsseldorf: VDI-Verl. 1992

Pfeiffer, W.: Digitale Messtechnik. Berlin: Springer 1988

Schrüfer, E.: Signalverarbeitung. 2. Aufl. München: Hanser 1991